大数据技术与应用

海洋大数据

黄冬梅 邹国良 等

编著

U0188480

上海科学技术出版社

图书在版编目(CIP)数据

海洋大数据 / 黄冬梅,邹国良等编著. —上海：上
海科学技术出版社,2016.1(2023.1重印)
(大数据技术与应用)
ISBN 978 - 7 - 5478 - 2783 - 3

Ⅰ.①海… Ⅱ.①黄… ②邹… Ⅲ.①海洋－数据－
研究 Ⅳ.①P7

中国版本图书馆 CIP 数据核字(2015)第 196417 号

海洋大数据
黄冬梅　邹国良　等编著

上海世纪出版(集团)有限公司 出版、发行
上 海 科 学 技 术 出 版 社
(上海市闵行区号景路 159 弄 A 座 9F-10F)
邮政编码 201101　　www. sstp. cn
上海当纳利印刷有限公司印刷
开本 787×1092　1/16　印张 13.5
字数 300 千字
2016 年 1 月第 1 版　2023 年 1 月第 3 次印刷
ISBN 978 - 7 - 5478 - 2783 - 3/TP · 36
定价：80.00 元

内容提要

本书从海洋大数据的历史及国内外研究与应用现状出发,分析了海洋大数据的获取与特征分类、海洋大数据的处理及应用的关键技术,展示了海洋大数据在风暴潮灾害评价与决策以及海洋溢油灾害的检测与防治两方面的典型应用,最后就关键技术与实际应用两个方面进行了发展趋势的展望。本书介绍了基于混合云的海洋大数据存储技术、海洋大数据的分析挖掘技术、海洋大数据的质量控制技术、海洋大数据的信息安全技术以及基于 Spark 云平台的海洋大数据动态分析与展示等技术。

本书立足于海洋信息化技术的基础研究、应用开发和海洋信息服务的实际项目与成果,实现理论与实践紧密结合,内容丰富,条理清晰,关键技术与典型应用相结合,具有一定的前瞻性。

本书适合于海洋信息化领域的相关技术人员阅读,可作为海洋信息化管理、决策和研究人员的参考书,也可作为相关专业研究生和高年级本科生的教材。

本书涉及内容成果获得如下项目的资助

1. 国家自然科学基金,"数字海洋"中海量复杂类型数据的质量检验及存储问题研究
2. 国家海域综合调查与评价重大专项,"数字海洋"上海示范区建设
3. 国家减灾防灾能力建设重大专项,城市风暴潮灾害辅助决策支持系统
4. 上海市科委项目,上海南汇城市风暴潮灾害辅助决策系统技术研究
5. 国家科技部海洋公益性行业专项,临港新城风暴潮灾害评估与对策辅助决策系统研究
6. 国家科技部海洋公益性行业专项,渤海海洋环境信息集成及动态管理技术示范应用
7. 国家科技部海洋公益性行业专项,苏北浅滩"怪潮"灾害监测预警关键技术研究及示范应用
8. 国家科技部海洋公益性行业专项,极地海洋环境监测网系统研发及示范
9. 国家海洋局南北极环境综合考察与评估专项,极地环境与资源信息集成与共享服务系统

大数据技术与应用

学术顾问

大数据技术与应用

编撰委员会

本书编委会

主　编

上海海洋大学　黄冬梅

上海海洋大学　邹国良

编　委

国家海洋局信息中心　石绥祥

国家海洋局东海分局　苏　诚

国家海洋局东海分局　龚茂珣

上海东海海洋工程勘察设计研究院　郭伟其

上海东海海洋工程勘察设计研究院　谢文辉

上海海洋大学　何世钧

上海海洋大学　王振华

上海海洋大学　郑宗生

上海海洋大学　贺　琪

上海海洋大学　梅海彬

上海海洋大学　袁小华

上海海洋大学　何盛琪

上海海洋大学　郑小罗

上海海洋大学　魏立斐

张明华　上海海洋大学

王　建　上海海洋大学

赵丹枫　上海海洋大学

张律文　上海海洋大学

杨蒙召　上海海洋大学

肖启华　上海海洋大学

张书台　上海海洋大学

包晓光　上海海洋大学

刘　爽　上海海洋大学

熊中敏　上海海洋大学

杜艳玲　上海海洋大学

丛书序

我国各级政府非常重视大数据的科研和产业发展,2014 年国务院政府工作报告中明确指出要"以创新支撑和引领经济结构优化升级",并提出"设立新兴产业创业创新平台,在新一代移动通信、集成电路、大数据、先进制造、新能源、新材料等方面赶超先进,引领未来产业发展"。2015 年 8 月 31 日,国务院印发了《促进大数据发展行动纲要》,明确提出将全面推进我国大数据发展和应用,加快建设数据强国。前不久,党的十八届五中全会公报提出要实施"国家大数据战略",这是大数据第一次写入党的全会决议,标志着大数据战略正式上升为国家战略。

上海的大数据研究与发展在国内起步较早。上海市科学技术委员会于 2012 年开始布局,并组织力量开展大数据三年行动计划的调研和编制工作,于 2013 年 7 月 12 日率先发布了《上海推进大数据研究与发展三年行动计划(2013—2015 年)》,又称"汇计划",寓意"汇数据、汇技术、汇人才"和"数据'汇'聚、百川入'海'"的文化内涵。

"汇计划"围绕"发展数据产业,服务智慧城市"的指导思想,对上海大数据研究与发展做了顶层设计,包括大数据理论研究、关键技术突破、重要产品开发、公共服务平台建设、行业应用、产业模式和模式创新等大数据研究与发展的各个方面。近两年来,"汇计划"针对城市交通、医疗健康、食品安全、公共安全等大型城市中的重大民生问题,逐步建立了大数据公共服务平台,惠及民生。一批新型大数据算法,特别是实时数据库、内存计算平台在国内独树一帜,有企业因此获得了数百万美元的投资。

为确保行动计划的实施,着力营造大数据创新生态,"上海大数据产业技术创新战略联盟"(以下简称"联盟")于 2013 年 7 月成立。截至 2015 年 8 月底,联盟共有 108 家成员单位,既有从事各类数据应用与服务的企业,也有行业协会和专业学会、高校和研究院所、大数据技术和产品装备研发企业,更有大数据领域投资机构、产业园区、非 IT

领域的数据资源拥有单位，显现出强大的吸引力，勾勒出上海数据产业的良好生态。同时，依托复旦大学筹建成立了"上海市数据科学重点实验室"，开展数据科学和大数据理论基础研究、建设数据科学学科和开展人才培养、解决大数据发展中的基础科学问题和技术问题、开展大数据发展战略咨询等工作。

在"汇计划"引领下，由联盟、上海市数据科学重点实验室、上海产业技术研究院和上海科学技术出版社于2014年初共同策划了《大数据技术与应用》丛书。本丛书第一批已于2015年初上市，包括了《汇计划在行动》《大数据评测》《数据密集型计算和模型》《城市发展的数据逻辑》《智慧城市大数据》《金融大数据》《城市交通大数据》《医疗大数据》共八册，在业界取得了广泛的好评。今年进一步联合北京中关村大数据产业联盟共同策划本丛书第二批，包括《大数据挖掘》《制造业大数据》《航运大数据》《海洋大数据》《能源大数据》《大数据治理与服务》等。从大数据的共性技术概念、主要前沿技术研究和当前的成功应用领域等方面向读者做了阐述，作者希望把上海在大数据领域技术研究的成果和应用成功案例分享给大家，希望读者能从中获得有益启示并共同探讨。第三批的书目也已在策划、编写中，作者将与大家分享更多的技术与应用。

大数据对科学研究、经济建设、社会发展和文化生活等各个领域正在产生革命性的影响。上海希望通过"汇计划"的实施，同时也是本丛书希望带给大家一个理念：大数据所带来的变革，让公众能享受到更个性化的医疗服务、更便利的出行、更放心的食品，以及在互联网、金融等领域创造新型商业模式，让老百姓享受到科技带来的美好生活，促进经济结构调整和产业转型。

上海市科学技术委员会副主任
2015 年 11 月

序

　　在生物学家眼中,海洋是生命的摇篮,生物多样性的展览厅;在地质学家心里,海洋是资源宝库,蕴藏着地球村人类持续生存的希望;在气象学家看来,海洋是风雨调节器,春、夏、秋、冬年复一年;在物理学家脑中,海洋是运动载体,风、浪、流汹涌澎湃;在旅行者看来,海洋是风景优美无边的旅游胜地;然而在信息学家脑海中,海洋是五花八门、瞬息万变、铺天盖地的大数据源。有人分析世界上现有的大数据中,环境监测数据占70％,而海洋环境监测数据量占到了其中的70％以上,似乎与海洋占地球的70％面积相吻合,其实随着卫星传感和网络等高新技术日益发展,天-空-海和海面-水中-海底立体观测所获取的数据将逐年翻倍增长,看来海洋大数据在21世纪将掀起一场惊涛骇浪的海洋信息革命。在这一场信息革命袭来之际,上海海洋大学数字海洋研究所/上海海洋灾害与安全环境数据工程研究中心的黄冬梅和邹国良等教授率领团队和国家海洋局东海分局合作者担当了上海大数据产业技术创新战略发展联盟牵头的《大数据技术与应用》丛书的《海洋大数据》一书编写,现已完稿,正待出版,如一朵海洋信息科学奇葩,甚是可喜可贺。

　　来自卫星、载人飞船、空间站、气艇、无人机、岸基雷达和观测站、船载探测平台、浮标、水下滑翔机、水下潜器和海底观测网等的资料时空无缝地丰富着海洋大数据。本书将告诉读者什么是海洋大数据,大数据不仅仅在于数据量大,更在于海量数据在网络和云计算技术支持下的快速处理、智能处理和智慧应用,把海洋大数据定义为以大数据驱动力智能的新兴海洋信息科学工程。来自海洋的自然属性的大数据必须交融来自人类海洋活动的社会、经济、历史、文化、法律数据,把看似有些不关联的数据,通过深层挖掘找出掩藏在人们想象背后的新关联现象,发现新规律。从哲学上来定义,海洋大数据是人类构建"海洋神经系统"的过程,而在这个系统中人类只是其中一个感测器而已,预示着大数据的智能将超越人们的知识。

　　该书作者紧密围绕国家海洋发展战略,在海洋灾害防治、数字海洋建设、海洋信息安全建设等方面的关键技术研究与工程应用开发工作基础上,以海洋大数据的新理念加以提炼和分析,用他们的体会告诉读者海洋大数据区别于传统海量海洋数据的特征和分类;以数据驱动智慧的处理方法,挖掘的规则和模型,可为读者理解海洋大数据的内涵抛砖引玉。

　　更值得一提的是,本书还介绍了海洋大数据在灾害辅助决策系统和海洋溢油监测中的应用实践,让读者看到海洋大数据的潜在作用,为读者提供了海洋大数据应用的思路和榜样。

　　海洋是当今国际上政治、经济、外交和军事博弈的重要舞台,博弈中无非是对海洋环境认知能力的竞争、海洋资源开发能力的竞争和海洋权益维护能力的竞争。在这场错综复杂的三大能力的竞争中,哪个国家掌握了高科技制高点,哪个国家就掌握了主动权。如果把海洋信息比喻为登上这个制高点的翅膀,那么海洋大数据将是我国登上这个制高点的基底,这本书可谓海洋大数据惊涛骇浪下的一滴闪闪发亮的水滴,让读者可以从中受益。

　　著者集众贤之能,承实践之上,总结经验,理出体会,挥笔习书,言海洋大数据之理论,摆实践之范例,是一本值得一读的佳作。更欣慰的是本书的出版也看到了年轻的海洋信息学家的崛起和成长。

　　"百尺竿头,更进一步",殷切期盼上海海洋大学海洋信息团队,在黄冬梅教授带领下,再接再厉,推海洋大数据之浪,为"透明海洋和智慧海洋"做出更大贡献。

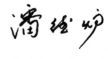

2015 年 5 月于杭州

前　言

　　海洋大数据作为全球大数据的重要组成部分,是实现海洋信息行业智能化管理和"互联网＋"的基础与前提,也是实现我国"海洋强国"战略的支撑与保障。随着我国"空、天、地、底"海洋立体监测技术的发展和"数字海洋"建设的全面深入,海洋信息化已经逐步从"数字海洋"向"智慧海洋"发展,海洋数据从数量、增长速度、种类扩展三方面发生了飞跃式发展;同时海洋数据蕴含的价值也越来越高。如何充分挖掘海洋数据价值,为我国海洋经济与海洋科技发展提供更多的支撑与动力,利用大数据处理技术与方法来研究、开发和应用海洋大数据成为当务之急。

　　上海作为一个沿海国际大都市,海洋经济所占 GDP 的份额位居世界前列。通过海洋大数据的研究、开发和应用,合理利用和引导海洋地形地貌变化,有利于港口与航道发展,通过海洋经济数据的深度挖掘与加工,进一步促进上海国际航运中心的发展,从而推动海洋经济和海洋科技发展,增加海洋产业的贡献率。同时,上海地处东南季风的主风口,每年风暴潮灾害对上海的经济与社会发展产生不小的影响,海洋环境污染导致了东海海域赤潮、盐水入侵、海岸带侵蚀等海洋环境灾害的频发,严重影响上海的经济与社会环境的稳定。如何运用好海洋大数据构建和谐的海洋生态环境,将成为未来上海经济与社会可持续发展长远而持久的保证。

　　在这种形势下,响应上海大数据产业技术创新战略发展联盟牵头的《大数据技术与应用》丛书的编写要求,本书编写组在黄冬梅、邹国良组织下,策划编写了《海洋大数据》一书,由黄冬梅、邹国良等确定全书的章节目录结构和主要内容思路。具体分工为:第1章由黄冬梅、邹国良编著;第2章由王振华、苏诚、梅海彬、刘爽、张书台编著;第3章由苏诚、龚茂珣、王振华、郑宗生、刘爽编著;第4章由黄冬梅、魏立斐、王振华、何盛琪、贺琪、张明华、杜艳玲编著;第5章由赵丹枫、郭伟其、郑小罗、张律文、王建编著;第6章由杨蒙召、何世钧、袁小华、谢文辉、邹国良编著；第 7 章由贺琪、肖启华、包晓光、熊中敏编著。最终全书由黄冬梅、邹国良负责统稿。

　　本书可作为相关专业研究生和高年级本科生的课程教材，对海洋行业管理部门的管理者和决策者亦有一定的参考价值，也可以作为海洋从业人员的参考丛书，还可以作为其他行业领域科技工作者的参考书，对普通大众了解海洋大数据有一定的帮助。海洋大数据涉及的数据种类和范围巨大，而且随着新技术的应用，其变化也超出了大多数人的预料，包括本书的作者。受编著者的能力和眼界的局限，书中难免有以点概面、挂一漏万的不足，欢迎广大读者批评指正，我们将一如既往地不断改进，今后写出更好的著作。

　　此外，本书的编写得到了潘德炉院士（中国工程院院士、国家海洋局第二海洋研究所研究员）的大力支持，为本书章节布局及写作思路提出了宝贵意见，并亲自为本书作序，在此表示衷心感谢；上海市数据科学重点实验室的朱扬勇和上海大数据产业技术创新战略发展联盟的吴俊伟、毛火华等专家对本书目录提纲的修改提出了许多宝贵意见，在此表示衷心感谢；编写组全体同仁为了完成本书的编写工作，付出了辛勤和努力，上海海洋大学数字海洋研究所的相关研究生也为本书查找了很多参考资料及对本书的格式等进行了修改，在此表示感谢。

本书作者

目 录

第1章

海洋大数据的历史沿革

　　海洋,以其占有超过地球表面70%的面积,来彰显其浩瀚,同时也是人类跨越洲际进行商贸往来的纽带与桥梁。海洋既蕴含着丰富的资源吸引人们来探索,同时又是桀骜难驯,难以驾驭,常常给人们带来灾难。人类为了征服海洋、利用海洋,必须要认识与掌握海洋。自有历史记载前就开始了不断的探索,积累了宝贵的数据资料。本章以人类近代航海与地理大发现为抓手,从海洋大数据诞生的历史事件与原因,到海洋大数据的国内外发展现状等展开了描述,为后续章节的叙述进行铺垫。

1.1　传统海洋数据

1.1.1　地理大发现

　　狭义地讲,地理大发现[1-4],指15—17世纪欧洲的船队出现在世界各处的海洋上,寻找新的贸易路线和贸易伙伴,以发展欧洲新生的资本主义。欧洲人发现了许多当时在欧洲不为人知的国家与地区。伴随着新航路的开辟,东西方之间的文化、贸易交流开始大量增加,殖民主义与自由贸易主义也开始出现。欧洲这一时期的快速发展奠定了其超过亚洲繁荣的基础。对世界各大洲在数百年后的发展也产生了久远的影响。

　　广义地讲,地理大发现开始于公元前600年左右,腓尼基人沿非洲东岸向南航行[5],绕非洲南端进入大西洋,达·伽马(Vasco da Gama,约1469—1524)则是反向而行[6]。北欧移民者曾到达冰岛、格陵兰以及加拿大东岸。15世纪初阿拉伯航海家也从非洲东岸南航到达莫桑比克(Mozambique)[3]。15世纪初称雄世界海洋的是中国明朝的船队[7],该船队已经来往航行于欧亚大陆以南(中国、印度、东非)。图1-1所示是1626年的一幅世界地图,已经采用色彩区分不同国家[3]。

1) 地理大发现产生的原因

　　(1) 君士坦丁堡的陷落[8]。1453年,地理位置特殊的东罗马帝国首府君士坦丁堡(Constantinople,伊斯坦布尔的旧称)被奥斯曼土耳其人所攻陷,切断了联系欧亚大陆的丝绸之路,欧洲人从此不能再像他们的前辈那样通过波斯湾前往印度及中国,也不能再直接通过这个位于博斯普鲁斯海峡(Bosporus)的巨大港口来获得他们日益依赖且需求量巨大的香料和丝绸。欧洲人必须找到一条新的贸易路线,以直接获取香料和丝绸等资源。

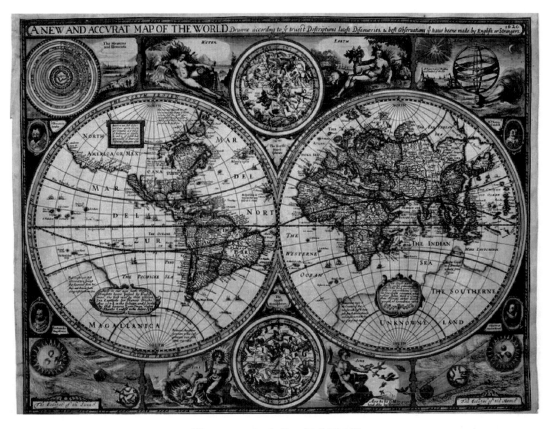

图 1-1 1626 年的一幅世界地图

（2）对新殖民地的渴望[1,3,4]。很久以来，与中国、印度的贸易，一直是通过阿拉伯人作为中介的，而在整个欧洲，与阿拉伯人的贸易又几乎都掌握在意大利的威尼斯和热那亚商人手中。在西欧，英国、法国、西班牙和葡萄牙等国君主还有商人们都急切希望能够打破意大利人和阿拉伯人的垄断，自行前往印度、中国和"香料群岛"等地，直接与当地人进行香料、丝绸等商品交易。

另外，由于当时欧洲的商品对于中国人、印度人而言毫无吸引力，导致欧洲人只得用大量的金银来换取香料和丝绸等商品。长期的入不敷出，导致欧洲人对于获取金、银、宝石或者直接获取香料等资源显得十分感兴趣。至此，那些出产这些珍贵资源的地区便成了欧洲人猎取与互相争夺的目标。

（3）对未知世界的向往[1,3,4,9]。现存最古老的葡萄牙海图显示，探索中的达·伽马曾到达印度。在人类文明的不断发展中，欧洲在 15 世纪以前一直扮演着一个次要的角色。而在同期亚洲创造了更为繁荣的文化，并将这一优势不断扩大。对于世界的发展而言，亚欧大陆及北非在世界上扮演的角色超过了其他地区，这导致很长一段时间内，亚欧大陆及北非的人们对世界的认识仅仅局限于此。

而这个"世界"的两端——太平洋西岸和大西洋东岸几乎没有过直接的交往，欧洲黑暗时期正是亚洲国家空前繁荣的年代。他们对彼此的认识也仅仅是通过 7 000 余千米的丝绸之路相互了解。这样漫长的距离和通行这段道路所需要的时间，也扭曲了东西方之间绝大部分可供了解的资讯。

（4）来中国的寻金热[1,3,4,10]。对于当时的中国而言，天圆地方观念与地理中国中心是社会的标准常识。与之相对的欧洲，相似的理念则是数世纪前成书的《圣经》与托勒玫（Claudius Ptolemaeus，约 90—168）在 2 世纪所著的《地理学指南》（人们将它从希腊文翻译为拉丁文——大规模被欧洲人了解的前提之一，则是在 1406 年）。欧洲人通过《地理学指南》可以准确地了解他们憧憬的亚洲、北非。但对于世界的另一半，依然是一片空白。他们所知道的世界并不比千余年前的罗马人甚至希腊人多。他们根本不知道有美洲、大洋洲和南极洲的存在。虽然他们已经知道了印度与中国的存在，但是真正到过那里的人却很少。13 世纪末，马可·波罗（Marco Polo，约 1254—1324）与他的游记在欧洲掀起了对东方向往的狂潮：马可·波罗笔下的中国、东亚甚至整个亚洲成为一个拥有空前繁荣的文化、遍地黄金、香料发达而强盛的区域。这引发了大量欧洲人一窥东方文明的愿望。然而马可·波罗前往中国时所途经的波斯湾对于欧洲人，特别是 15 世纪之后西欧人而言已经成了禁区；虽然已经有人深信地球是圆的，但是他们对地球大小的估计却是完全建立在错误的数据基础之上的。当时甚至有人认为从欧洲往西至多几周时间便可到达亚洲。

（5）基督传教热情——圣战[1,3,4]。六分仪图解使得欧洲走上了大航海时代的前台，有证据显示维京（Viking）的海盗们曾到过格陵兰，并在加拿大设立了海盗据点。除了海盗活动，梵蒂冈的活动也成为促进远航的要素之一：葡萄牙与西班牙的探索活动多少有将基督教传播到世界，并将异教徒转化为基督教徒的想法，并且伊比利亚半岛（Iberian Peninsula）在历史上曾多次被伊斯兰国家军队进攻过，伊斯兰教对伊比利亚半岛的政治、宗教、文化的影响是显而易见的。这种政治、经济上的扩张主义加上文化理念上的扩张要求令伊比利亚半岛的航海家们对自己的活动坚信是上帝的使命，从而为远航的心理奠定了一个良好的基础。十字军东征带来的长年战争，中世纪的宗教裁判所等，导致欧洲人对基督教产生了一种狂热的感觉。很久以来，积极传教便是基督教会的特点之一。而且，为了使那些异教徒或不信教的人皈依基督教，人们总是会毫不犹豫地使用武力。尤其是那些刚刚战胜了摩尔人的西班牙传教士们，特别渴望将战场上的胜利转化成宗教上的胜利，将基督教带出伊比利亚半岛，带出欧洲，传向世界的每个角落。

（6）西方航海技术的发展[1,3,4]。远洋航行所需的技术也在不断发展。对于航海家而言，他们能够在海上活动，除了宗教信仰以外，更多的则是依靠来自各地的科技：由占星术发展的方向辨识、指南针，从伊斯兰的独杆三角帆船发展的大三角帆技术——这项技术将三角帆从横帆的替代物转化为推进船只的重要附加物，还有本国发达的造船业才是在海上最可信赖的依靠。而在这些科技流传至欧洲之前，没有人会打算到世界"边缘"去冒险，地圆说的出现打消了航海家从地球摔向地狱的担忧。从 12 世纪开始，欧洲人便开始制造用于航海的大型船只。1200—1500 年，欧洲普通船舶的吨位普遍增加了 1～2 倍。在短短的几个世纪,他们或是从阿拉伯人那里学会了使用,或是自己动手发明改造了诸如罗盘、六分仪、海图、三角帆、舵舵、三桅帆船等工具或技术,使得欧洲人拥有了在各种复杂气候条件下进行远航的能力。

2)"地理大发现"主要事件

(1)新航路的发现[1,3,4]。从15世纪起,葡萄牙人不断沿非洲西海岸向南航行,占据了一些岛屿和沿海地区,掠夺当地财富。1487—1488年,葡萄牙人迪亚士(Bartolomeu Dias,约1450—1500)到了非洲南端的好望角,成为探寻新航路的一次重要突破。葡萄牙贵族达·伽马奉葡萄牙国王之命于1497年7月8日从里斯本出发,绕过好望角,沿非洲东海岸北上,之后由阿拉伯水手马季得领航横渡印度洋,于1498年5月20日到达印度西海岸的卡利卡特(Calicut,科泽科德的旧称),次年载着大量香料、丝绸、宝石和象牙等返抵里斯本。这是第一次绕非洲航行到印度的成功,被称为"新航路的发现",如图1-2所示。

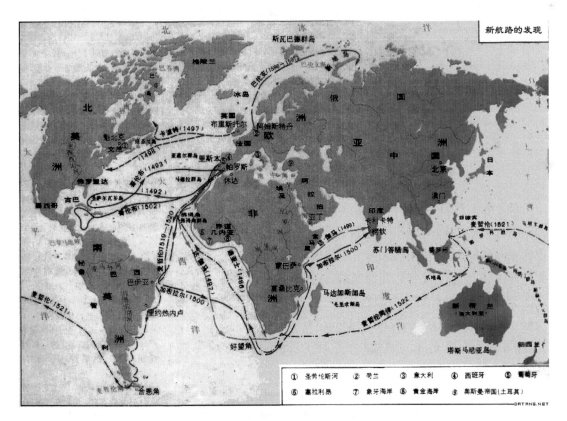

图1-2 新航路的发现

(2)新大陆的发现[1,3,4]。在葡萄牙组织探寻新航路的同时,西班牙也力图寻求前往印度和中国的航路。1492年8月3日,意大利人哥伦布(Cristoforo Colombo,约1451—

1506)奉西班牙国王之命,从巴罗斯港(即古都塞维尔,今塞维利亚)出发,率领探险队西行,横渡大西洋,同年 11 月 12 日到达了巴哈马群岛的圣萨尔瓦多岛(华特林岛)[San Salvador Island (Watling Island)],之后又到了古巴岛和海地岛,并于 1493 年 3 月 15 日回航至巴罗斯港。此后哥伦布又三次西航(图 1-3),陆续抵达西印度群岛、中美洲和南美洲大陆的一些地区,掠夺了大量白银和黄金之后返回西班牙。这就是人们所称的"新大陆的发现"。

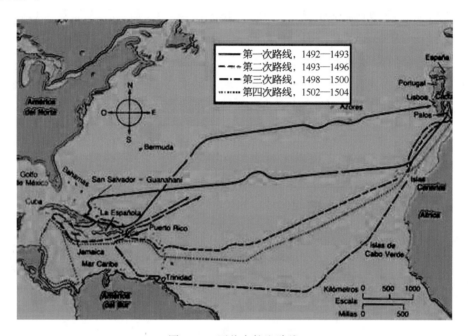

图 1-3 哥伦布航海路线

(3) 第一次环球航行[1,3,4]。1519 年 9 月 20 日,葡萄牙航海家麦哲伦(Fernão de Magalhães,约 1480—1521)奉西班牙国王之命,率探险队从巴罗斯港出发,横渡大西洋,沿巴西东海岸南下,绕过南美大陆南端与火地岛之间的海峡(即后来所称的麦哲伦海峡)进入太平洋。1521 年 3 月到达菲律宾群岛,麦哲伦死于此地。其后,麦哲伦的同伴继续航行,终于到达了"香料群岛"(今马鲁古群岛)中的哈马黑拉岛(Halmahera)。之后,满载香料又经小巽他群岛(Lesser Sunda Islands,努沙登加拉群岛的旧称),穿过印度洋,绕过好望角,循非洲西海岸北行,于 1522 年 9 月 7 日回到西班牙,完成了人类历史上第一次环球航行。

(4) 新航路的开辟[1,3,4]。新航路的开辟开创了欧洲主导世界的世纪,但是其主要的诱因却是原来的传统东西方经济交流道路被当时强悍的奥斯曼帝国阻碍。通常改革都是因为现有的社会形态不能进一步前进成为桎梏而进行的,这是很有趣的一点。即便是在被纪念的哥伦布也是怀着寻找东方的梦想经过了偶然的巧合才发现美洲的,他在登陆了古巴后就认为自己到了日本附近。历史的巧合就是这样。

（5）同时期亚洲航海发展[1,3,4]。中国人进行了世界航海历史上最辉煌的一次壮举——郑和下西洋,同样性质的封建国家不同性质的航海壮举产生了不同的后果。当今的中国人可能都会有这样的假设,如果当年郑和像西方殖民侵略扩张一样,那么当今的中国就是另外的样子了。图1-4所示为郑和航海路线。

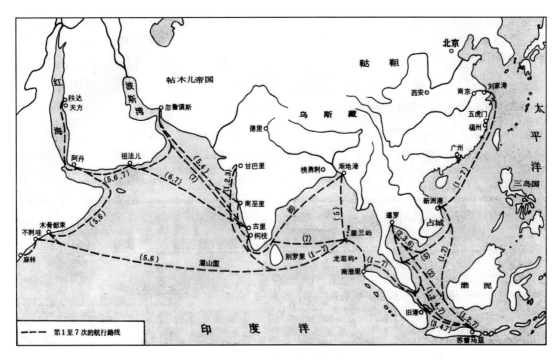

图1-4 郑和航海路线

1.1.2 航海的需要

在西欧,葡萄牙首先发起了大规模的航海探险活动[9]。15世纪早期,航海家恩里克王子(Don Alfonso Enrique,1394—1460)创办地理研究机构,为取得黄金、象牙和奴隶,组织了多次非洲西岸的探险活动,先后发现了马德拉岛(Madeira Island)、佛得角群岛(Cape Verde Islands),并从直布罗陀沿非洲西海岸到达几内亚湾。1473年,葡萄牙船只驶过赤道,后到达刚果河口;1487年,迪亚士的探险队到达非洲南端,发现好望角,并进入印度洋[1,3,4];1497年,以达·伽马为首的船队沿迪亚士航线继续向前[6,11],经非洲东岸的莫桑比克、肯尼亚,于1498年到印度西南部的卡利卡特,开辟了从大西洋绕非洲南端到印度的航线,从而打破了阿拉伯人控制印度洋航路的局面。葡萄牙通过新航路,垄断了欧洲对东亚、南亚的贸易,成为海上强国。

在葡萄牙人探寻新航路的同时,西班牙统治者也极力从事海外扩张。哥伦布发现美洲就是这种扩张的最重要收获。哥伦布相信大地球形说,认为从欧洲西航可达东方的印度和中国(该计划曾向葡萄牙政府提出过,但被否认了,因为葡萄牙人在亨利王子时代就经过精确计算认为到东方的最短路程是沿着非洲航行到达印度)。哥伦布的西航计划得到西班牙国王和王后的支持。1492年,他携带西班牙国王和王后致中国皇帝的国书,率领船队从帕洛斯港出发,经加那利群岛后向西航行,先后到达巴哈马群岛和古巴、海地等岛。但是,哥伦布误以为巴哈马群岛是印度的辖地,把当地原住民称为印第安人,并误认为古巴是中国的一个省。1493—1496年、1498—1500年和1502—1504年,哥伦布又分别进行了第二、第三和第四次航行,先后发现了多米尼加、波多黎各、牙买加、特立尼达等岛屿,以及由洪都拉斯到巴拿马的海岸。第三次航行中在帕里亚湾首次登上美洲大陆。哥伦布至死也没意识到,他发现的这些地方并非中国和印度,而是一块新大陆。

后来,意大利探险家韦斯普奇(Americus Vespucius,1454—1512)到达美洲,才认识到这是一个新大陆。在人们认识到大西洋西岸的陆地并非亚洲,而是一个新大陆后,人们的地理视野扩大了。1513年,西班牙探险家巴尔鲍亚越过巴拿马地峡,看到了西南面的大海,他把这片海域称为"南海"(今太平洋)。为了到达亚洲,人们努力寻找沟通大西洋和"南海"的海峡,或者像好望角那样的地角。基于这种愿望,葡萄牙航海家麦哲伦在西班牙国王查理一世(Carlos Ⅰ,1500—1558)的支持下,开始了新的航海探险活动。麦哲伦曾经参加葡萄牙远征队,到过非洲、印度、苏门答腊、爪哇、班达群岛和马六甲海峡等地。他相信大地球形说。1519年,麦哲伦率船队,从西班牙的巴罗斯港出发,经加那利群岛,到达南美东岸以后,即沿海南下,在南美大陆和火地岛之间,穿过后来以他的名字命名的海峡,进入"南海"。起初向西北,后转向西航。船队在航行中从未遇到风暴,即把该海域称为太平洋。1521年,船队到达菲律宾群岛,麦哲伦在与原住民的冲突中被杀。1522年,麦哲伦船队剩下的"维多利亚"号返回巴罗斯港,完成环球航行。图1-5和图1-6描述了麦哲伦的环球航行路线及用其名字命名的麦哲伦海峡。

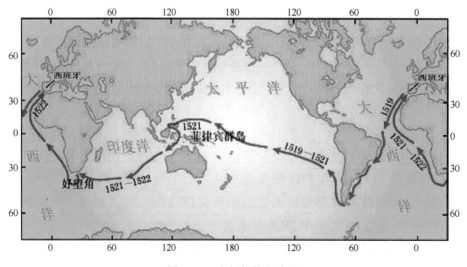

图1-5 麦哲伦航海路线

图 1-6 麦哲伦海峡

1.2 从传统海洋数据到海洋大数据

1.2.1 海洋经济的发展促进海洋大数据的产生

1) 航海大数据——莫里的航海图是最早的大数据实践[2]

莫里(Matthew Fontaine Maury,1806—1873)曾是一名优秀的美国海军军官,在一次偶然的事故后被迫退役。随后,他与20位志同道合的数据处理者一起,整理了所有旧航海图上的信息,并绘制了一张拥有120万个数据点的航海图。

作为一位年轻的航海家,莫里曾经对船只在水上绕弯儿不走直线而感到十分不解。当他向船长们问及这个问题时,他得到的答案是"走熟悉的路线比冒险走一条不熟悉而且可能充满危险的路线要好得多"。他们认为,海洋是一个不可预知的世界,人们随时都可能被意想不到的风浪困住。但是从他的航行经验来看,莫里知道这并不完全正确。他经历过各种各样的风暴。一次,他听到来自智利瓦尔帕莱索(Valparaíso)扩展港口的预警,目睹了当时刮成圆形的风就像钟表一样;但在下午晚些或日落的时候,大风突然结束,静下来变成一阵微风,仿佛有人关了风的开关一样。在另一次远航中,他穿过墨西哥蓝色海域的暖流,感觉就像在大西洋黑黢黢的水墙之间穿行,又好像在密西西比河静止不动的河面上挺进。

当莫里还是一个海军军官学校的学生时,他每次到达一个新的港口,总会向老船长学习经验知识,这些经验知识是代代相传下来的。他从这些老船长那里学到了潮汐、风和洋流的知识,这些都是在军队发的书籍和地图中无法学到的。相反,海军依赖于陈旧的图表,有的都已使用上百年,其中的大部分还有很重大的遗漏和离谱的错误。在他新上任为图表和仪器厂负责人时,他的目标就是解决这些问题。

莫里清点了库房里的气压计、指南针、六分仪和天文钟后发现,库房里存放着许多航海书籍、地图和图表;还有塞满了旧日志的发霉木箱,这些都是以前的海军舰长写的航海日志。他的前任们都觉得这些是垃圾,但当他拍掉被海水浸泡过的书籍上的灰尘,凝视着里面的内容时,莫里突然变得非常激动。这里有他所需要的信息,例如对特定日期、特定地点的风、水和天气情况的记录,大部分信息都非常有价值。莫里意识到,如果把它们整理到一起,将有可能呈现出一张全新的航海图。这些日志是无章可循的,页面边上尽是奇怪的打油诗和乱七八糟的信手涂鸦,与其说它们是对航海行程的记录,还不如说是船员在航海途中无聊的娱乐而已。尽管如此,仍然可以从中提取出有用的数据。莫里和他的20台"计算机"——那些进行数据处理的人,一起把这些破损的航海日志中记录的信息绘制成了表格,这是一项非常繁重的工作。

莫里整合了数据之后,把整个大西洋按经纬度划分成了五块,并按月份标出了温度、风速和风向,因为根据时间的不同这些数据也有所不同。整合之后,这些数据显示出了有价值的模式,也提供了更有效的航海路线,如图1-7所示。

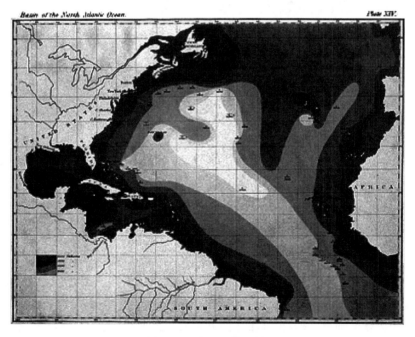

图1-7　莫里的航海图

有经验的海员有时依靠经验能安全航海,但有时也会陷入危险之中。在从纽约到里约热内卢这条繁忙的航线上,水手们往往倾向于与自然斗争而不是顺应自然。美国船长一直被劝导前往里约热内卢不能通过海峡,因为那样存在很大风险,所以船长会选择在东南方向的航线上航行,再穿过赤道驶向西南方向。而这样一来,船只必须两度穿越大西洋,距离甚至相当于横穿了三次。这是很荒谬的,其实直接向南航行就可以了。

通过分析这些数据,莫里知道了一些良好的天然航线,这些航线上的风向和洋流都非常利于航行。他所绘制的图表帮助商人们节省了大量金钱,因为航海路程减少了三分之一左右。一位船长感激地说:"在得到你的图表之前我都是在盲目地航行,你的图表真地指引了我。"有一些顽固的人拒绝使用这个新制的图表,而当他们因为使用旧方法航行到半路出了事故或者花费的航行时间长很多的时候,他们反而帮助证明了莫里系统的实用性。

1855 年,莫里的权威著作《关于海洋的物理地理学》(*The Physical Geography of the Sea*)出版,当时他已经绘制了 120 万个数据点。莫里写道,在这些图表的帮助下,年轻的海员不用再亲自去探索和总结经验,通过这些图表即可得到来自成千上万名经验丰富的航海家的指导。他的工作为第一根跨大西洋电报电缆的铺设奠定了基础。同时,一旦在公海上发生一次灾难性的碰撞事件,他马上修改他的航线分析系统,这个修改后的系统一直沿用至今。他的方法甚至应用到了天文学领域,1846 年当海王星被发现时,莫里有了一个好点子,那就是把错把海王星当成一颗恒星时的数据都汇集起来,这样就可以画出海王星的运行轨迹了。

这个土生土长的弗吉尼亚人在美国历史上并不受关注,这也许是因为他在美国内战期间不再为海军效力,而是摇身一变成了美国联邦政府在英国的间谍。但是多年前,当他前去欧洲为他绘制的图表寻求国际支持的时候,四个国家授予了他爵士爵位,包括梵蒂冈在内的其他八个国家还颁给了他金牌。即使到今天,美国海军颁布的导航图上仍然有他的名字。

2) 海上丝绸之路[10,12]

海上丝绸之路,是陆上丝绸之路的延伸,又被称为陶瓷之路,起点位于中国泉州市,形成主因是中国东南沿海山多平原少,且内部往来不易,因此自古许多人便积极向海上发展。又为了解决陆路的不便性,因为陆路受地形影响,前往西域会经过许多较不适合人类居住的地区,又中国东岸夏、冬两季有季风助航,因此也增加了由海路通往欧陆的方便性。在古代中国即有此项交流,尤其是对中国东南沿海的居民而言,更是显著。

海上丝绸之路如图 1-8 所示,这是古代海道交通大动脉。自汉朝开始,中国与马来半岛就已有接触,尤其是唐代之后,来往更加密切,作为往来的途径,最方便的当然是航海,而中西贸易也利用此航道作为交易之道。海上通道在隋唐时运送的主要大宗货物是丝绸,所以大家都把这条连接东西方的海道称为海上丝绸之路。到了宋元时期,出口的瓷器渐渐成为主要货物,因此,人们也把它称为"海上陶瓷之路"。同时,还由于输入的商品历来主要是香料,因此也把它称为"海上香料之路"。

在陆上丝绸之路之前,已有了海上丝绸之路。海上丝绸之路是古代中国与外国交通贸

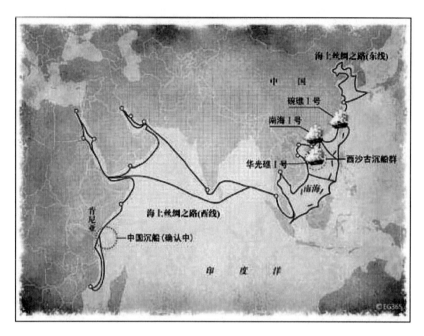

图1-8 海上丝绸之路

易和文化交流的海上通道,它主要有东海起航线和南海起航线,形成于秦汉时期,发展于三国隋朝时期,繁荣于唐宋时期,转变于明清时期,是已知的最为古老的海上航线。海上丝绸之路的主港,历代有所变迁,但只有泉州是被联合国教科文组织所承认的海上丝绸之路的起点,其他城市港口并未获此殊荣。汉代"海上丝绸之路"始发港是徐闻古港,从3世纪30年代起,广州取代徐闻、合浦成为海上丝绸之路的主港,宋末至元代时,泉州超越广州,并与埃及的亚历山大港并称为"世界第一大港"。元代后期,泉州出现亦思法杭兵乱,明初海禁,加之战乱影响,泉州港逐渐衰落。

海上丝绸之路的发展过程,大致可分为三个历史阶段:一是形成时期(从周秦到唐代以前);二是发展时期(唐宋);三是极盛时期(元明)。

中国南方是南岛人种的发源地。先秦时代称为百越民族,是世界上分布最广的民族之一,他们拥有优秀的航海经验和冒险精神,足迹遍及太平洋和印度洋,史前时代起即开始了向远洋迁徙,马达加斯加、夏威夷、新西兰均有分布。

作为中国古代对外贸易的重要通道,海上丝绸之路早在中国秦汉时代就已经出现,到唐宋时期最为鼎盛,具体路线是:由广东、福建沿海港口出发,经中国南海、波斯湾、红海,将中国生产的丝绸、陶瓷、香料、茶叶等物产运往欧洲和亚非其他国家,而欧洲商人则通过此路线将毛织品、象牙等带到中国。

海上丝绸之路的开辟,使中国当时的对外贸易兴盛一时。元朝时的意大利人马可·波罗就是由陆上丝绸之路来到中国,又由海上丝绸之路返回本国的,他的游记里记载了沿途南洋和印度洋海上的许多"香料之岛"。

3）渔业大数据

（1）英国[13]。15世纪末，当葡萄牙、西班牙在积极进行或筹备远航探险的时候，英国人也跃跃欲试，摩拳擦掌。15世纪下半叶，英国已成为先进国家。在经济上，英国的农业、手工业、商业都发展得比较快，成为欧洲经济最发达的国家。英国的渔业也快速发展，英国渔船常到北大西洋深海捕鱼，甚至常到冰岛一带捕鱼。

从1480年起，布里斯托尔的商人们便陆续派出船只，去寻找传说中神秘的亚特兰蒂斯（大西洲）、巴西群岛和安的列斯群岛，并寻找新渔场。他们出资装备了一个英国探险队准备西航，并由移居此地的意大利人卡博特（John Cabot）担任探险队领导。1496年3月5日，英王亨利七世（Henry Ⅶ，1457—1509）给卡博特父子颁发了许可敕令。1497年5月20日，卡博特率18位成员登上以其妻子命名的三桅帆船"马修"号，离开布里斯托尔向西航行，采取等纬度航行法，一直把航线保持在北纬52°的纬线上。6月24日，他们发现了陆地。卡博特称其为"首次见到的陆地"，这里是纽芬兰岛的北端。卡博特之后向南偏东航行，考察了纽芬兰岛的全部东部海岸线，并绕过纽芬兰岛向东南凸出很远的阿瓦朗半岛，到达了北纬46.5°、西经55°。在阿瓦朗半岛周围的海域，卡博特等看到了大群的鲱鱼和鳕鱼，这样就发现了面积超过30万 km² 的纽芬兰大浅滩（Grand Banks）。这是世界上鱼类资源最丰富的海区之一。卡博特正确地评估了他对大浅滩渔场的发现，他回去后宣布，英国人可以不再到冰岛渔场，而可以到新发现的渔场捕鱼了。7月20日，卡博特开始掉头沿原路返航，8月6日回到布里斯托尔。卡博特认为他到达了东亚、中国，发现了"大汗的王国"的大片陆地，并绘制过一幅他首次远航探险的地图，可惜未能流传下来。亨利七世则把卡博特"首次见到的陆地"改名为"新发现的陆地"，即纽芬兰（Newfoundland）。

（2）中国[14]。中国的渔业历史悠久，可追溯到原始人类的早期发展阶段。那时人类以采集植物和渔猎为生，鱼、贝等水产品是赖以生存的重要食物。随着农业和畜牧业的出现和发展，渔业在社会经济中的比重逐渐降低，但在江河湖泊流域和沿海地区，渔业在漫长的历史发展过程中始终占有程度不等的重要地位。与此同时，渔业生产的工具、技术和方法随着社会的发展而不断得到改进和提高。

早在旧石器时代中晚期，处于原始社会早期的人类就在居住地附近的水域捞取鱼、贝类作为维持生活的重要手段。距今4 000～10 000年的新石器时代，人类的捕鱼技术和能力有了相当的发展。从全国许多古文化遗址出土的这一时期的各种捕鱼工具（如骨制的鱼镖、鱼叉、鱼钩和石、陶网坠等），都可以推断这一时期已有多种捕鱼方法。

在吴兴钱山漾新石器时代遗址出土的文物中，还有长约2 m的木桨和陶、石网坠、木浮标、竹鱼篓等，反映了当时已有渔船到开阔的水面进行较大规模的捕捞，太湖地区的渔业已相当发达。同时，沿海地区除采捕蛤、蚶、蛏、牡蛎等贝类外，也已能捕获鲨鱼那样的凶猛鱼类。古代渔业的形成和发展，可分水产捕捞和水产养殖两方面说明。

商代的渔业在农牧经济中占有一定地位。甲骨文中的渔字形象地勾画了手持钓钩或操网捕鱼的情景。河南安阳殷商遗址出土的文物中，发现了铜鱼钩，还有可以拴绳的骨鱼镖。据《竹书纪年》记载,商周时就"东狩于海,获大鱼",说明当时可能已有了在海边捕捞大鱼的渔具和技术。周代是渔业发展的重要时期,捕鱼工具有很大改进。网具和竹制渔具种类的增多以及特殊渔具渔法的形成,反映出人们进一步掌握了不同鱼类的生态习性,捕鱼技术有了很大的提高。夏季因是鱼鳖繁殖的季节而不能捕捞。当时对捕捞和上市的水产品规格也有限制:"禽兽鱼鳖不中杀,不鬻市",小者"欲长之","辄舍之"。

从秦汉到南北朝的七八百年间,人们对鱼类的品种和生态习性积累了更多的知识。许慎《说文解字》所载鱼名达到70余种。当时对渔业资源也实行保护政策,如规定"鱼不长一尺不得取"(《文子·上仁》),"制四时之禁",禁止"竭泽而渔"(《吕氏春秋·上农》)等。周代所有的渔具渔法这时得到了更加广泛的使用。据王充《论衡·乱说》篇载,东汉时期还创造了采用拟饵的新钓鱼法,用真鱼般的红色木制鱼置于水中,以之引诱鱼类上钩。这种用机械代替人力起放大型网具的方法是一项较突出的成就。

一般认为池塘养鱼始于商代末年。《诗经·大雅·灵台》载,"王在灵沼,于牣鱼跃",记叙周文王游于灵沼,见其中饲养的鱼在跳跃的情景。这是池塘养鱼的最早记录,中国是世界上最早开始养鱼的国家。从周初到战国时期,池塘养鱼发展到东部的郑、宋、齐国,东南部的吴、越等国,养鱼成为富民强国之业。据《史记》《吴越春秋》等记载,春秋末年越国大夫范蠡曾养鱼经商致富,相传曾著《养鱼经》,该书反映了公元前6世纪以前养鱼技术的若干面貌。汉代以后,池塘小水面养鱼发展为湖泊、河流等大水面养鱼。据《汉书·武帝本纪》和《西京杂记》所载,汉武帝在长安(今西安)开挖了方圆40里(1里=500 m)的昆明池,用于训练水师和养鱼,所养之鱼除供宗庙陵墓祭祀用外,多余的在长安市场销售,致使当地鱼价下跌,可见数量之多。到了唐代,据《岭表录异》载,广东一带将草鱼卵散养于水田中,任其取食田中杂草长大,"既为熟田,又收渔利"。用这种水田种稻无稗草,所以被称为"齐民"的良法。唐宋时期皇室宫廷养鱼也很盛行,隋炀帝筑西苑,内有池种荷、菱和养鱼。唐代的定昆池、龙池、凝碧池、太液池等都是竞渡和养鱼之所。宋代皇室也筑池训练水师和养鱼。

关于养殖的种类和技术,池塘养鱼在隋唐以前以养鲤鱼为主,此后有了变化。隋炀帝时,西苑池就饲养太湖白鱼。唐末就有购买(草鱼)苗散养水田的记载。宋代青鱼、草鱼、鲢鱼、鳙鱼成了新的养殖对象。据宋《避暑录话》记载,宋末浙东陂塘养鱼是到江外买鱼苗,用木桶运回放于陂塘饲养,3年长到1尺长。南宋时期,福建、江西、浙江等地养殖的鱼苗多来自九江一带。当时对鱼苗的存放、除野、运输、喂饵以及养殖等都已有较成熟的经验。当时对鱼病也有一定认识,苏轼《格物粗谈》中提到"鱼瘦而生白点者名虱,用枫树叶投水中则愈"。观赏鱼类的金鱼饲养也始于宋代,这在世界上是最早的。古文献所指金鱼常与鲤鱼、鲫鱼混称,宋代则明确指出饲养金鲫鱼,开始是池养,以后才发展为盆养。南宋高宗建都杭州后,饲养金鱼盛极一时。高宗本人就爱养金鱼,德寿宫建有专养金鱼的泻碧池。

元代的养鱼业因战争受到很大影响。为此元司农司下令"近水之家,凿池养鱼"。《王祯农书》的刊行对全国养鱼也起了促进作用。书中辑录的《养鱼经》,介绍了有关鱼池的修筑、管理以及饲料投喂等方法。

明清时期淡水养鱼有更大发展。明黄省曾《养鱼经》、徐光启《农政全书》、清《广东新语》及其他文献都总结了当时的养鱼经验,从鱼苗孵化、采集到商品鱼饲养的各个阶段,包括放养密度、鱼种搭配、饵料、分鱼转塘、施肥和鱼病防治、桑基鱼塘综合养鱼等都有详细记述,达到了较高的技术水平,至今仍有参考价值。明代外荡养鱼也有发展,尤以浙江绍兴一带为最盛。黄省曾《养鱼经》记述了饲养鲻鱼的情况。"鲻鱼,松之人于潮泥地凿池,仲春潮水中,捕盈寸者养之,秋而盈尺""为池鱼之最"。《广东新语》则称,"其筑海为池者,辄以顷计",可见规模之大。金鱼饲养在明清时期发展更为普遍,进入了盆养和人工选择培育新品种的阶段。明李时珍《本草纲目》中说,"宋始有蓄者,今则处处人家养玩矣"。当时金鱼的花色品种之多已难胜计。

除了养鱼外,中国古代还养殖贝类和藻类。牡蛎早在宋代已用插竹法养殖,明清时期养殖更加广泛。清代广东采用投石方法养殖,如乾隆年间东莞县沙井地区的养殖面积约达 200 顷 $\left(1\text{ 顷}=\dfrac{1}{15}\text{ km}^2\right)$。明代浙江、广东、福建沿海已有蚶子养殖业。明《闽中海错疏》记载四明(今浙江宁波一带)有在水田中养殖的泥蚶以及天然生长的野蚶,人们已能对两者正确加以判别。明代福建、广东已有缢蛏养殖。《本草纲目》《正字通》《闽书》等记述了缢蛏滩涂养殖的方法。

① 民国时期的渔业。1840 年鸦片战争后,西方工业技术逐渐传入中国。1905 年,清末南通实业家、翰林院修撰张謇经商部奏准,与苏松太道袁树勋等筹建江浙渔业公司,购买德国单拖渔轮"福海"号在东海捕鱼。1921 年山东烟台商人集资从日本引进了双船拖网渔船"富海""贵海"号。1905—1936 年,民营的单船拖网和双船拖网渔船逐渐发展到 250 艘以上,这是中国机轮渔业发展的初期和兴盛阶段。

从 1911 年起,日本为保护其近海水产资源,规定并不断扩大本国沿海的禁渔区域,鼓励日本渔船向包括中国在内的外海、远洋发展。日本长崎、佐贺、福冈等县在中国沿海捕鱼的拖网渔轮曾多达 1 200 艘,此外还对中国沿海进行系统全面的渔业资源调查,向中国倾销鱼货。1928 年倾销至大连、旅顺的鱼货价值达 429 万多元。抗日战争期间,中国沦陷区的渔业更为日本所垄断。日本的这些侵略活动使中国近海渔业资源遭到严重破坏,如名贵鱼类真鲷在 1925 年以前占黄海渔获量的 10%,而至 1937 年下降至仅 0.37%。抗日战争期间,沿海渔民的渔船损失 50%左右,达 5 万多艘。1945 年后,国民党政府在青岛、上海和台湾等地开始建立水产公司等机构,配备机动渔船 100 多艘。此外,还有民营渔业公司的几十艘机动渔船。1908 年后,大连、塘沽、青岛、上海、定海、烟台、威海等地开始陆续建造渔用机械制冰厂。机器制冰的扩大使用,促进了水产品保鲜业的发展。江苏南通颐生罐头合资公司开始生产鱼、贝类等水产品罐头,这是中国水产品加工工业的发端。此后,天津、烟台、青岛、舟山、上海等地也陆续建造罐头厂,但鱼类罐头所占的比重都不大。在此期间,鱼粉、鱼油生产和制贝类纽扣等工业性加工也已开始,但产量很低。

在渔政管理方面,辛亥革命后政府颁布的渔业法规有《渔轮护洋缉盗奖励条例》《公海渔业奖励条例》(1914年),《公海渔船检查规则》和前述两条例的实施细则(1915年),《渔业法》《渔会法》(1929年),农矿部颁布《渔业法施行规则》《渔业登记规则》及《渔业登记规则施行细则》(1930年),《海洋渔业管理局组织条例》(1931年)等,实际上大多未能实行。

② 当代渔业。新中国成立以来,渔业有了很大发展。1949年全国水产品产量只有45万t。1986年水产品总产量达到823.5万t,仅次于日本、苏联而居世界第3位。国有渔业在1952年底时沿海主要只有旅大、烟台和上海3个综合性水产企业,年产量为4.9万t。到1982年底,全国沿海共有大小国营捕捞企业43家,拥有生产渔轮1 100多艘,总吨位20多万t,水产品年产量近80万t。此外,还有更加庞大的集体所有制渔业,其总产量占全国海洋捕捞产量的80%~90%,已成为中国海洋捕捞业的主要组成部分。但近几十年来,渔业的发展也经历了曲折的过程。

在海洋捕捞方面,20世纪50年代初,国家通过发放渔业贷款,建设渔港、避风港湾和渔航安全设施,并在渔需物资的供应和鱼货运销等各方面给予支持,使渔业生产迅速得以恢复和发展。1952年产量达97.2万t。50年代中后期因过度捕捞等原因使近海渔业资源特别是幼鱼资源遭到破坏,导致60年代传统主要经济鱼类产量在总渔获量中的比重大幅度下降。1979年以来,海洋捕捞实行保护资源、调整近海作业结构、开辟外海渔场的方针。从1985年起,上海、大连、烟台、舟山、福建、湛江6个国营海洋渔业公司派出渔轮采取多种形式在世界3大洋7个国家的专属经济区内捕鱼,使远洋渔业有了良好开端。

淡水捕捞生产50年代发展很快,1950年产量为30万t,1960年增加到66.8万t。此后由于许多内陆水域兴修水利设施、围湖造田、水质受到工业有毒物质污染等,水域生态平衡遭到破坏,加以毒鱼、电鱼、炸鱼等有害渔具渔法的使用,经济鱼类幼鱼和亲鱼被大量捕捞,水产资源的衰退加剧,1978年的淡水捕捞产量降至30万t以下。1979年以来调整渔业政策,资源保护和渔政管理措施得到加强,人工放流增殖资源的措施也开始实行,渔业资源又有恢复。1986年淡水捕捞的产量达到53.02万t。

水产养殖业原来发展缓慢。1950年以来,国家通过建立养殖场等措施,使传统养鱼地区的产量迅速提高,1957年达56.5万t。特别是1958年后中国主要淡水养殖鱼类的人工繁殖获得成功,使淡水养鱼特别是池塘养鱼在全国范围迅速推广获得了坚实基础。1978年后,随着农村经济体制改革的实行,淡水养鱼生产蓬勃发展,1983年产量达到142.8万t。1986年达到了295.15万t。在海水养殖方面,1958年海带的人工育苗、施肥养殖以及南移养殖试验获得成功;紫菜养殖自1959年起也在人工采苗、育苗和养殖方面相继获得重大进展,使藻类的养殖产量大幅度提高。贝类养殖的主要种类牡蛎、缢蛏、蚶、蛤、贻贝等的产量也稳步增长。对虾养殖自80年代初工厂化育苗技术成功以来,迅速在全国许多省份得到发展,成为出口的重要水产品。此外,70年代末以后,海珍品扇贝(干贝)、鲍、海参等的养殖也有发展。

在水产品保鲜与加工方面,1957年全国水产系统拥有制冰709 t/d、冻结428 t/d、冷藏17 702 t/次的生产能力。1972年后,随着灯光围网渔业的发展,制冰冷藏能力有了较大发展。至1982年,全国建成大小冷库250座,制冰能力达7 000 t/d,冻结能力8 000 t/d,冷藏能力25万 t/次。1980年后,集体渔业社队冷藏业也得到了发展。沿海省份已建成小型冷库129座,冷藏能力达3万 t/次,成为国营冷藏业有力的补充。水产加工制品除传统的腌、干制品外,水产罐头、冻鱼、鱼粉、鱼油、鱼肝油、鱼糜制品等产量也开始迅速增加。1982年,全国国营水产加工厂加工产品130万 t左右。海带制碘加工已形成完整的加工体系。各种生熟水产品小包装已经成为水产加工的重要途径。

1.2.2 海洋灾害的防治促进海洋大数据的产生

1) 风暴潮灾害[15-19]

风暴潮灾害是指由台风、温带气旋、冷锋的强风作用和气压骤变等强烈的天气系统引起的海面异常升降造成生命财产损失的灾害,又称风暴增水、风暴海啸、气象海啸或风潮。中国历史文献中称为海溢、海啸、海侵、大海潮等。风暴潮会使受到影响的海区的潮位大大地超过正常潮位,造成巨大破坏。

风暴潮根据风暴的性质,通常分为由台风引起的台风风暴潮和由温带气旋引起的温带风暴潮两大类。台风风暴潮多见于夏秋季节,其特点是:来势猛、速度快、强度大、破坏力强。凡是有台风影响的海洋国家、沿海地区均有台风风暴潮发生。温带风暴潮多发生于春秋季节,夏季也时有发生,其特点是:增水过程比较平缓,增水高度低于台风风暴潮。主要发生在中纬度沿海地区,以欧洲北海沿岸、美国东海岸以及我国北方海区沿岸为多。

风暴潮的空间范围一般为几十千米到数千千米,时间尺度或周期为1~100 h。但有时风暴潮影响区域随大气扰动因素的移动而移动,因此有时一次风暴潮过程可影响数千千米的海岸区域,影响时间长达数天之久。风暴潮引起的海水水位升高一般为1~3 m,最大达7 m左右。根据增水高度不同分为四个等级: ① 风暴增水,增水值小于1 m; ② 弱风暴潮,增水值1~2 m; ③ 强风暴潮,增水值2~3 m; ④ 特强风暴潮,增水值3 m以上。

风暴潮灾害如图1-9所示,居于海洋灾害之首位,世界上绝大多数因强风暴引起的特大海岸灾害都是由风暴潮造成的。风暴潮能否成灾,在很大程度上取决于其最大风暴潮位是否与天文潮高潮相叠,尤其是与天文大潮期的高潮相叠。当然,也决定于受灾地区的地理位置、海岸形状、岸上及海底地形,尤其是滨海地区的社会及经济(承灾体)情况。如果最大风暴潮位恰与天文大潮的高潮相叠,则会导致发生特大潮灾,如8923号和9216号台风风暴潮。1992年8月28日—9月1日,受第16号强热带风暴和天文大潮的共同影响,我国东部沿海发生了1949年以来影响范围最广、损失非常严重的一次风暴潮灾害。潮灾先后波及福建、浙江、上海、江苏、山东、天津、河北和辽宁等省(直辖市)。风暴潮、巨浪、大风、大雨的综合影响,使南自福建东山岛,北到辽宁省沿海的近万千米的海岸线,遭受到不同程度的袭击。受灾人口超过2 000万,死亡194人,毁坏海堤1 170 km,受灾农田193.3万 hm²,成灾33.3万 hm²,直接经济损失90多亿元。当然,如果风暴潮位非常高,虽然未遇天文大潮或高潮,也会造成严重潮灾。8007号台风风暴潮就属于这种情况。当时正逢天文潮平潮,由于出现了5.94 m的特高风暴潮位,仍造成了严重风暴潮灾害。

图1-9 风暴潮灾害

2) 海啸及海浪灾害

(1) 海啸灾害[20-22]。海啸是由海底火山、海底地震和海底滑坡、塌陷等活动引起的波长可达数百千米的巨浪。日本语称海啸为津浪(tsunami)。海啸传播速度达每小时数百千米,周期一般为几分钟。一般海啸在广阔大洋传播过程中波高很小,波长很大,所以不易被人们察觉;但传播到浅海地区时,发生能最集中,形成巨浪、狂浪或狂涛;到滨岸地带时,海浪进一步陡涨,瞬间形成10~30 m的巨大水墙,以排山倒海之势摧毁堤防,涌上陆地,吞没城镇、村庄、耕地。随即海水骤然退出,往往再次涌入,有时反复多次,在滨海地区造成巨大的生命财产损失。

海啸分为遥地海啸和本地海啸(又称局地海啸)两类,以本地海啸为主。国际上一般用渡边伟夫的海啸级表示海啸的大小,分为-1、0、1、2、3、4,共6级(对应的海啸波幅分别为≤0.5 m、1 m、2 m、4~6 m、10 m、≥30 m)。当海啸为1级时,就可能造成一定的经济损失,故1级和1级以上的海啸属于破坏性海啸或灾害性海啸。其中,2级以上海啸常造成人员伤亡,3级海啸可能会严重成灾,4级海啸可能成为毁灭性灾害。图1-10所示是日本311海啸后的景象。

世界近80%的海啸发生在太平洋沿岸,遭袭击最多的是夏威夷,其次是日本。1498年9月20日,日本东海道地震引发海啸,浪高20 m,入侵内陆2 000 m,造成2万人丧生。1792年5月21日,日本有明海附近山崩引发海啸,最大波高50 m,死亡1.5万人。1883年8月27日,印尼巽他海峡火山爆发引发海啸,最大海啸波高35 m,死亡3.6万人。1896年6月

图 1-10　日本 311 海啸造成的满目疮痍

15 日,日本三陆海啸,浪高 25 m,死亡 2.7 万人。据统计,1900—1983 年,太平洋沿岸发生海啸 405 次,其中造成重大人员伤亡和财产损失的达 84 次,大约死亡 18 万人。20 世纪以来重大海啸灾难有:1908 年,意大利墨西拿地震引发海啸,死亡 8.3 万人;1933 年 3 月 2 日,日本三陆北海地震引发海啸,死亡 3 000 多人;1960 年 5 月 22 日,智利西海岸发生里氏 8.5 级地震引发海啸,最大波高 25 m,使半座城市变成瓦砾场,死亡数万人,海啸波以 700 km/h 的速度横扫太平洋,越过夏威夷,把海堤十几吨重的玄武岩块抛出百米以外,一座钢质铁路桥被推离桥墩 200 多 m,毁坏建筑物 500 多座,死亡 61 人,海啸波继续向西,能量仍未减低,在智利地震发生 22 h 后,海啸波登陆日本,10 m 多高的海浪冲上海岸,将船只抛到建筑物之上,造成日本 800 人死亡,1.5 万人无家可归;1992 年,印度尼西亚发生里氏 7 级地震,在印度尼西亚东南部福洛斯岛附近引发海啸,死亡 2 500 人;1998 年,巴布亚新几内亚海底地震引发海啸,巨浪高达 49 m,致使 2 200 人死亡;2004 年 12 月 26 日,印度尼西亚苏门答腊岛西北海域,在大洋深处发生里氏 8.5 级地震引发海啸,袭击了苏门答腊及周围岛屿、泰国南部沿海,1.5 h 之后,39 m 高的巨浪席卷了斯里兰卡、印度东南部、马尔代夫等地,巨浪还波及非洲东海岸一些国家,给塞舌尔、索马里等国带来了灾难,联合国称之为"近几个世纪以来最严重的自然灾害",这次海啸造成死亡人数超过 21 万人,还有 13 万多人失踪;2011 年 3 月 11 日发生的日本大地震引发的海啸,海浪最大高度达到了 40.5 m,造成 2 万~3 万人死亡或失踪,此外还造成邻近核电站严重放射泄漏,大量放射污染物随海水退却排入西北太平洋,同时,放射性泄漏还污染周边的空气、土壤、水系、动植物等。

(2) 海浪灾害[23,24]。海浪灾害是指因海浪作用造成的灾害。海浪系海面的波动现象,由风产生的海面波动,一般周期为 0.5~25 s,波长为数十厘米至数百米,波高为数厘米至 20 m,在罕见的情况下可达 30 m 以上。不同强度的海浪对人类威胁程度不同。通常波高达 6 m 以上的海浪,能够掀翻船只,破坏海上工程,给海上航行、海上施工、海上军事行动、渔业捕捞等造成危害,被称为灾害性海浪。根据形成灾害性海浪的天气系统,将海浪分为四类:冷高压型海浪(亦称为寒潮型海浪)、台风型海浪、气旋型海浪、冷高压与气旋配合型海浪。根据海浪形态分为风浪、涌浪、近岸浪。标志海浪强度的要素主要有波高、波周期、波长和波速。在国际上采用波级表示海浪强度,但划分波级标准不尽一致,除国际通用波级表外,常用的波级表还有蒲福波级表、道氏波级表、美制波级表。中国于 1986 年 7 月 1 日起采用国际通用波级表划分波浪等级。按照波级表标准,灾害性海浪属于 7~9 波级的狂浪、狂涛、怒涛。中国灾害性海浪主要分布在南海、东海,其次分布在黄海和台湾海峡。

海浪灾害是我国发生最频繁的海洋灾害。1968—2008 年,我国巨浪灾害共出现 70 次,沉船 52 063 艘、死亡(含失踪)13 475 人,造成直接经济损失 233.5 亿元。

3) 海水入侵与海岸侵蚀

(1) 海水入侵[25-28]。海水入侵是源于人为超量开采地下水造成水动力平衡的破坏。海水入侵使灌溉地下水水质变咸、土壤盐渍化、灌溉机井报废,导致水田面积减少,旱田面积增加,农田保浇面积减少,荒地面积增加。最严重的会导致工厂、村镇整体搬迁,海水入侵区成为不毛之地。

中国海水入侵主要出现在辽宁、河北、天津、山东、江苏、上海、浙江、海南、广西 9 个省(自治区、直辖市)的沿海地区。最严重的是山东、辽宁,入侵总面积已超过 2 000 km²。

事实上,海水入侵正在成为沿海地区的"公害",不仅造成经济损失,还对人们生活用水造成很大困难,严重危害人体健康,严重破坏生态环境,对社会发展造成诸多负面影响。学界的基本判断是,海水入侵造成的对环境与人体的危害已由潜在变为现实。

中国地质大学(武汉)环境学院成建梅教授表示:"现在每个地方情况都很严重,不单单是深圳海水入侵,华北更严重。"华北平原环渤海城市带,是一个经济强劲发展,并拥有 2 亿居民的地区,城市经济年增长率高达 11%。但同时,这些城市周边的江河却随着工农业的发展不断萎缩,不少湖泊被污染成酱油色。城市发展越来越依赖地下水资源。

中国科学院、中国工程院院士张宗祜说,中国水资源总体状况是:南方多,北方少,东部多,西部少。中国南方约有占全国 68% 的地下水量和 36% 的农地,而北方占全国 64% 的农地却仅有 32% 的地下水。图 1-11 和图 1-12 描述了渤海地区海水入侵状况。

"华北地下水严重超采,超采率大于 150%。像华北地区过去超采的地下水相当于两条黄河的水量。"中国科学院院士、中国科学院水问题联合研究中心主任刘昌明说。刘介绍现今华北缺水 300 亿~400 亿 m³。

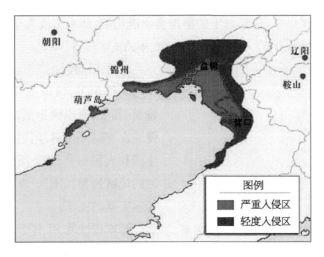

图 1-11 辽东湾海水入侵分布示意

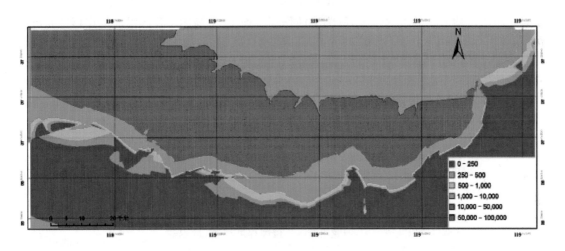

图 1-12 渤海海水入侵形成 C 字形区域

超量开采地下水被学界认为是海水入侵的主要原因。对此,中国科学院院士薛禹群分析称:"淡水抽水量超过了它的补给量,使海岸带附近地下水'水头'不断下降,出现了淡水体的'水头'低于附近海水'水头'的现象,海水与淡水之间的水动力平衡被破坏,导致咸淡水界面向陆地方向移动,就会出现海水入侵。"即海水入侵是源于"人为超量开采地下水造成水动力平衡的破坏",自然因素只是对海水入侵起一定的影响和控制作用。

国家海洋局监测结果显示,辽东湾和莱州湾滨海地区海水入侵面积大、盐渍化程度高。辽东湾北部及两侧的滨海地区,海水入侵的面积已超过 4 000 km²,其中严重入侵区的面积为 1 500 km²。属于辽东湾的盘锦地区海水入侵最远距离达 68 km。莱州湾海水入侵面积已达 2 500 km²,其中莱州湾东南岸入侵面积约 260 km²,莱州湾南侧(小清河至胶莱河范围)海水入侵面积已超过 2 000 km²,其中严重入侵面积为 1 000 km²。莱州湾南侧海水入侵最远距离达 45 km。

莱州市自1989年以来,80%以上的耕地质量退化,全部水田改为旱田,保浇面积占可灌溉面积的百分数由1986年的70%下降到1995年的61.56%。

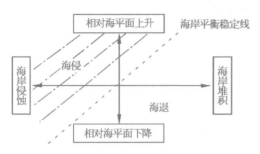

图1-13 海面升降、侵蚀与海岸线进退关系

（2）海岸侵蚀[29-32]。海岸侵蚀是指在海洋动力作用下,沿岸的供沙量少于沿岸输沙量而引起的海岸蚀退的破坏海岸过程。海岸侵蚀灾害则是由海岸侵蚀造成的沿岸地区的生产和人民财产遭受损失的灾害,是海岸侵蚀的成链过程。图1-13所示为海岸侵蚀与其他要素的关系。

海岸侵蚀作用主要包括冲蚀作用、磨蚀作用与溶蚀作用。冲蚀作用是指海水对海岸的直接冲击、破坏的过程。磨蚀作用是指海水夹带岩块、泥沙对海岸的摩擦、破坏作用。海水对于海岸可溶岩石的溶解过程,称为溶蚀作用。表1-1描述了我国沿海海岸侵蚀状况。

表1-1 我国沿海主要侵蚀区域及侵蚀原因

主要沿海省市	主要侵蚀区域	侵蚀程度	主要原因
辽宁省	辽西海岸旅顺柏岚子砾石堤,营口田家崴子,大陵河口东等	采沙、砾石处后退0.5～2 m/a,河口处50 m/a	人为过度采沙,河口侵蚀
河北省天津市	秦皇岛市的河寨、唐家屯沙砾堤,北戴河,汤河口,滦河口至大青河口	河口蚀退率2～3 m/a	汤河口河道挖沙,滦河改道,渤海湾西岸陆地沉降
山东省	黄河三角洲除现代入海口附近外,其他岸段以蚀退为主,刁龙咀至蓬莱段沙岸,牟平至威海段,荣成大西庄,崂山头及胶州湾两侧,岚山头附近	侵蚀程度严重,后退速率达2～150 m/a,钓河口1976—1981年后退6 km	黄河改道;龙口、牟平、蓬莱、西庄等地的过度海滩采沙;岚山头一带不合理的海岸工程
江苏省	废黄河三角洲,云台山至射阳河口段,东灶港至高枝港的古长江三角洲	各段蚀退率2～20 m/a	海岸采沙,黄河北徙,沙向南退缩,海岸失去掩护
上海市浙江省	芦潮港至中港,浦东至金丝娘桥段,杭州湾南岸段,部分沙质海岸	杭州湾南岸达3～5 m/a	自然侵蚀,沙质海岸由于人工挖沙遭破坏
福建省	霞浦,闽江口,长乐以东,平潭流水海岸,莆田嵌头,湄洲岛沙岸,澄嬴,厦门沙坡尾,高崎,东山湾沙滩	后退速率1～5 m/a	自然侵蚀作用
广东省	韩江三角洲,漠阳江口北津,北仑河口	水下岸坡变陡,后退速率达8～10 m/a	自然侵蚀作用
海南省	文昌邦塘、三亚湾、洋浦半岛、澄迈湾、海口湾、南渡江口至白沙角等岸段	近50年内0.5～2 m/a不等	礁坪挖掘;南渡江上游水库拦沙;人工取沙和海岸工程

我国的海岸侵蚀从南到北不仅分布广,而且侵蚀类型较多,既有自然演变而发生的侵蚀,也有因人为因素发生的侵蚀,海岸侵蚀已成为我国值得重视的环境问题。

将海岸作为一个系统来看,稳定状态下,物质和能量的输入输出处于平衡。海岸系统的物质基础是泥沙的运移,能量因素是海岸波浪、流场、潮汐的作用。造成海岸侵蚀的物质能量机制是海岸泥沙供给减少或由于海岸海洋动力自然加强致使泥沙从海岸系统中丢失。我国海岸侵蚀可分为两个类型:一是长周期趋势性的海岸侵蚀现象,它主要由河流改道、三角洲废弃或流域来沙减少所引起,海岸的侵蚀强度由河岸夷平作用及海滩剖面调整过程加以调节;二是短周期的暴风浪现象,如 1962 年 7 月 26 日—8 月 14 日,长江口连续遭受两次强台风袭击,某些岸段滩面平均刷低 20～30 cm,岸线后退 10～20 m,巨浪在 4 h 内将面宽 3 m、顶高 4 m、长约 2 km 的土堤吞蚀,海堤上重约 150 kg 的石块被抛至 50 m 以外的海滩。

4) 触礁及洋流异常造成的沉船等海难事故[33-40]

伴随着人类探索海洋的是无数的海难事故,从史前人们下海捕鱼开始,层出不穷,到了地理大发现的年代更加明显。除了前面所述的风暴潮灾害或者地震、海啸等自然灾害造成的沉船等海难事故外,由于偏离航线或航路不熟造成的触礁或搁浅、战争或操作不当等人为因素造成的海难也不在少数。尤其是随着人类技术进步,全球化格局形成,对能源的迫切需求等因素,导致船越造越大,一旦出事灾难后果越来越严重。

"泰坦尼克"号邮轮,长约 269 m,排水量为 46 000 多 t,有 16 个排水舱,头等舱的票价相当于如今的 50 000 美元。1912 年 4 月 15 日凌晨,这艘当时世界上最大、最豪华,被称为"永不沉没的船"和"梦幻之船"的巨轮在撞上冰山差不多 2 h 后,同时据称是最安全的邮轮在其处女航途中,在距离纽芬兰 150 km 处沉没,造成 1 595 人死亡。

1948 年,中国的"江亚轮"海难,死亡超过 3 000 人;1945 年 1 月 30 日,德国籍客轮"威廉古斯塔洛夫"号(Wilhelm Gustloff,25 500 t)在波罗的海被苏联潜艇击沉,乘船的难民等 9 931 人罹难;整个二战期间被德国潜艇击沉的船只难以计数,财产和人员损失巨大。

1978 年,美国油船"阿马柯·卡迪兹"号在法国西北部沿海搁浅遇难,22 万多 t 石油流散,造成海洋大面积污染,被迫赔款达 8 亿美元。

1987 年 12 月,菲律宾客轮"杜纳巴兹"号与一艘油轮相撞,造成 4 000 多人丧生,是国际海运史上和平时期的最大海难。

1994 年 9 月 28 日,"爱沙尼亚"号渡船从爱沙尼亚的塔林港驶往瑞典的斯德哥尔摩途中,在波罗的海海域遇风浪沉没,造成 900 多人死亡,当时成为欧洲自二战以来最严重的一次海难事故。

2002 年 9 月 26 日深夜,严重超载的"乔拉"号从塞内加尔南部城市济金绍尔返回首都达喀尔,途中遭遇暴风雨,在冈比亚附近海域倾覆。根据官方统计的数字,这次海难共造成 1 863 人死亡,只有 64 人生还。图 1-14 所示是倾覆后的"乔拉"号。

图 1 - 14　倾覆后的"乔拉"号

2006 年 2 月 2 日,载有 1 400 多人的埃及客轮"萨拉姆 98"号在红海沉没,造成 1 000 多人遇难或失踪。这艘客轮于当地时间晚上 19:30 从沙特阿拉伯西部港口杜巴港出发,预计于 3 日凌晨 2:30 抵达距埃及首都开罗约 600 km 的红海东南部的塞法杰港。但该船在驶离杜巴港大约 62 n mile(1 n mile=1.852 km)的海域从雷达屏幕上消失。塔哈说,船上载有 1 310 名乘客,另外还有约 100 名船员。

2010 年 4 月 20 日,位于美国南部墨西哥湾的"深水地平线"钻井平台发生爆炸,两天后沉入墨西哥湾,事故造成 11 人死亡,油井以每天 5 000 桶的速度外泄原油。实际原油泄漏量远高于英国 BP 石油公司公布的数量,造成损失难以估量,最后总花费超过 120 亿美元,美国总统奥巴马 2010 年 6 月 16 日证实,BP 同意设立 200 亿美元基金,赔偿因墨西哥湾漏油事件而生计受损的民众。此外,BP 与美国法院和律师达成了 40 亿美元罚款的协议。

1.3　海洋大数据发展现状

1.3.1　海洋大数据萌芽

1) 作为最早的海洋霸主的欧洲

(1) 葡萄牙[1,3,41]。葡萄牙于 15 世纪控制了地中海与大西洋的交通要道。至 16 世纪初期,已经建立了一个从直布罗陀经好望角到印度洋、马六甲海峡至远东的庞大帝国,成为当时欧洲的海上强国。随着葡萄牙和西班牙同时进行海外扩张,双方在殖民地和海洋上冲突不断。它们依靠强大舰队,各自建立了强大的海洋帝国,形成了"海洋两分"时代。

(2) 西班牙[1-3,41]。哥伦布发现新大陆后,意大利探险家韦斯普奇到达美洲,才认识到这是一个新大陆。在人们认识到大西洋西岸的陆地并非亚洲,而是一个新大陆后,人们的地理视野扩大了。1513 年,西班牙探险家巴尔鲍亚越过巴拿马地峡,看到了西南面的大海,他把这片海域称为"南海"(今太平洋)。为了到达亚洲,人们努力寻找沟通大西洋和"南海"的海峡,或者像好望角那样的地角。基于这种愿望,葡萄牙航海家麦哲伦在西班牙国王查理一世的支持下,开始了新的航海探险活动。麦哲伦曾经参加葡萄牙远征队,到过非洲、印度、苏门答腊、爪哇、班达群岛和马六甲海峡等地。他相信大地球形说。1519 年麦哲伦率船队,从西班牙的巴罗斯港出发,经加那利群岛,到达南美东岸以后,即沿海南下,在南美大陆和火地岛之间,穿过后来以他的名字命名的海峡,进入"南海"。起初向西北,后转向西航。船队在航行中从未遇到风暴,即把该海域称为太平洋。1521 年船队到达菲律宾群岛,麦哲伦在与当地原住民的冲突中被杀。1522 年麦哲伦船队剩下的"维多利亚"号返回巴罗斯港,完成环球航行。

至 1550 年,通过血腥的海外扩张,西班牙统治了北美的大片地区、中美及除巴西的整个南美洲。到 16 世纪末,世界金银总产量中有 83% 被西班牙占有。

(3) 新兴国家的竞争[3]。非伊比利亚半岛的国家并不认同《托尔德西里亚斯条约》。法国、荷兰(从西班牙取得独立后)与英国均有着航海的传统;而尽管伊比利亚国家严加防范,但法国、荷兰、英国三国最终还是得到了伊比利亚的新技术与新航海图。

曾为西班牙人工作的意大利航海家乔瓦尼•卡博托率领了法国、荷兰、英国三国派出的第一支探险船队。受英国资助的卡博托率领他的船队开启了英法共同探索北美洲的时代。大部分西班牙人都忽视了辽阔的美洲大陆北部,认为那里遍布游牧民族且未建立庞大帝国,较之中美更难以控制。卡博托、卡蒂亚(Jacques Cartier,1491—1557)和其他航海者希望在北方找到通往富庶东方的水道,但他们都没能成功。虽然水道没有找到,然而这些探索展示了别的可能性:17 世纪初,来自中欧与北欧的殖民者登上了北美洲东岸,建立起了最早的一批北美殖民地。

法国、荷兰、英国三国还在非洲及印度洋与葡萄牙展开了竞争。荷兰、法国与英国的船队活跃于这些地区,对葡萄牙的垄断地位造成了极大的威胁。随着贸易的展开,北欧三国的贸易份额逐步上升,而葡萄牙与西班牙的份额则不断下降。除了贸易竞争外,法国、荷兰、英国三国还在当地成立了自己的军队,在葡萄牙与西班牙旧殖民地的附近建立起了自己的新殖民地。此外,他们还带头对《托尔德西里亚斯条约》中西班牙一侧的太平洋与北美洲未知之地进行了探索:荷兰探险家扬松(Willem Janszoon,1571—1638)和塔斯曼(Abel Janszoon Tasman,1603—1659)发现了澳大利亚的海岸,库克(James Cook,1728—1779)船长对太平洋沿岸进行了测绘,白令(Витус Беринг,1681—1741)发现了以他姓氏命名的白令海峡。

荷兰探险家塔斯曼发现了塔斯马尼亚岛、新西兰、汤加群岛和斐济群岛。另一位著名的荷兰探险家洛加文(Jakob Roggeveen,1659—1729)则发现了复活节岛(Isla de Pascua)以及萨摩亚群岛的一部分岛屿,如图 1-15 所示。

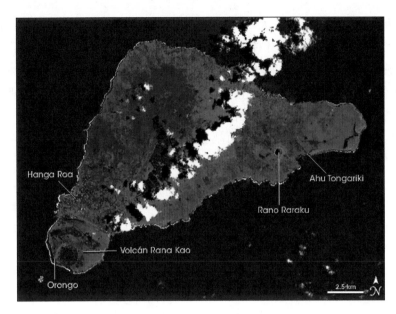

图1-15 复活节岛

17世纪中期,荷兰已建立了一支庞大的商队,其船舶总吨位相当于英国、法国、葡萄牙、西班牙四国的总和,被誉为"海上马车夫",欧洲的海上贸易几乎全部掌握在荷兰手中。荷兰利用海上优势和商业霸权在17世纪占领了广大的殖民地,在航海、殖民、贸易等方面达到了全盛期,成为欧洲经济中心。

2) 近代发达国家的飞速进步

独立后的美国[41-44],海军发展相当缓慢。19世纪末,美国在马汉(Alfred Thayer Mahan,1840—1914)"海权论"的指导下,把国家立法与政府执法、海军执法紧密地联系在一起,使海洋战略明显具有国家战略的含义。美国的海权确立方式不同于英国,英国是通过建立大量的海外殖民地来确立自己的世界海上霸权,而美国是通过在当地建立扶持傀儡政权或控制当地经济命脉等方式,以达到控制该地区的海权,在当地建立海军基地,从而建立起纵横全球的海上霸权。

美国的海权取得飞跃发展是在1898年的"美西战争"之后,美国夺取西班牙属地古巴、波多黎各和菲律宾,西班牙早已衰落,在国际上陷于孤立,根本无力阻挡美国的进攻。美国取得古巴、波多黎各和菲律宾后,凭借其拥有的雄厚经济、军事潜力,分别向南美洲和亚洲扩张其势力。

之后,一战是英国逐步失去世界海上霸权的开始,同时也是美国掌握世界霸权的开始。一战之后,美国在太平洋各大要冲建立起海军基地(如中途岛、菲律宾、珍珠港等),已然控制了太平洋的整个海权。南美洲各国成为美国的附庸,美国的海军基地遍布由加勒比海到麦哲伦海峡的整个西大西洋沿岸(美洲东海岸)。

德国[41,45]海上力量的发展壮大无法脱离其广泛的大背景,即19世纪德国的历史演变进程。"大海是通往世界各地最佳的途径。大海是国家的练兵场。"弗里德里希·李斯特(Friedrich List,1789—1846)在说出这句激动人心话语的半个世纪后,德意志帝国的商船队总吨位数已经跃居世界第二,仅次于英国。由于德国政府采纳了提尔皮茨(Alfred von Tirpitz,1849—1930)的舰队计划,其作战舰队的实力也跃居世界第二,同样仅次于英国。1841年,李斯特曾预言,巡防舰"巡防舰"号将是"伟大成果的鼻祖",最终,他的预言应验了。确切地说,按照第一部海军法案建造的一艘"瞪羚"级轻型巡洋舰被命名为"亚马孙"号,该舰是德国海军重新采用19世纪中叶时期的舰只名字命名的第一艘战舰。

随着普法战争的结束,施托施使德国海军再次焕发生机,并且展开了一项战舰建造计划,这使德国的铁甲舰队在当时至少是短暂地成为世界第三。

1543年,三名葡萄牙人乘坐中国帆船漂流到了日本位于九州南端的种子岛,将近代火枪传到了日本[41,46],这是历史上西方人首次登陆日本。西方人通过传教和通商两条途径,将势力扩展到了日本的大部分地区。新航路开辟之后,西方势力的大量涌入,使得日本人的眼界为之拓开,使得相当的有识之士开始重新审视这一世界以及日本在这一新世界中的定位。

16世纪以后,西方列强入侵,日本丧失了经济政治主权。1868年,明治天皇(1852—1912)上台,宣称用武力"拓万里波涛,布国威于四方",大力发展海军。1874年,日本侵略台湾,迈开了海外扩张的第一步。1894年,甲午战争爆发,日本从中国获取了大量白银和经济特权。1904年,日俄战争的胜利从俄国人手中又夺取了一系列特权。短短数十年,日本从一个落后挨打的小国变成了雄踞东亚的海洋强国。

17世纪末,贫穷的俄罗斯[41,47]开始了海洋强国之路,彼得大帝(Пётр Ⅰ,1672—1725)决定发展海军,从瑞典人手中夺取了黑海和波罗的海的出海口。俄国从此迅速崛起,跻身世界强国之林。

3) 中国等发展中国家的奋起直追[7,48]

根据李约瑟(Joseph Needham,1900—1995)在《中国科学技术史》中的描述:"中国人一直被称为非航海民族,这真是太不公平了,他们的独创性本身表现在航海方面正如在其他方面一样。中世纪和文艺复兴时期西方商人和传教士发现的中国内河船只的数目简直令人难以置信;中国的海军在公元1100年至1450年间无疑是世界上最强大的。"

春秋战国时期各国的海上活动兴起,人们航海的地理知识逐渐增加,将中国东部外侧的不同水域划分成"北海"(今渤海)、"东海"(今黄海)、"南海"(今东海)。人们已了解到"百川归海"并开始在沿海巡航[48]。

先秦时期,人们对海洋水文特别是潮汐有一定的了解。如《尚书·禹贡》"朝夕迎之,则遂行而上"等,说明当时人们已知道趁涨潮出海,利用海洋定向潮流,顺流而下。

东汉的应劭在《风俗通义》中提到:"五月有落梅风,江淮以为信风。""落梅风"意即梅雨季节以后出现的东南季风。两汉时期人们只有利用季风,才能做远洋航行。三国两晋南北朝时期造船业发展的同时,航海知识与技术得到了进一步的充实和提高。随着三国以后的航海活动增多,人们对西太平洋和印度洋的信风规律已有所认识并加以利用。

隋唐五代时期航海技术趋于成熟,人们已能熟练运用季风航行,天文、地理导航水平都有明显提高,对潮汐也能进一步正确解释,唐代人们对海洋气象有了进一步认识,已能利用赤云、晕虹等来预测台风。两宋时期航海技术的提高,最突出的是指南针的广泛应用。有关海图的应用也有十分明确的记载,海上交通航线的发展,为海道图的产生创造了条件。

元代指南针的应用更为普遍,也更为精确,已成为海船必备的航海工具。元朝航海技术的提高,还表现在对海岸天象和规律的认识与掌握,以保证海船航行的安全与稳定。明朝的航海技术主要表现在对海洋综合知识的运用以及航行技术方面有较大的提高与进步。

但是随着明清时期禁海政策的全面贯彻,而西方工业革命推动航海技术的蓬勃发展,中国近代在航海技术及海洋开拓上全面落后。回顾中国近代史,一多半的外来侵略来自海洋,在缺少强有力的近代化海军支持的情况下,中国不仅不能有效控制广阔的领海,而且对于来自海上的侵略势力无计可施。因此,近代海军的建设,成为中国人海权意识觉醒的一个重要标志。19 世纪 70 年代,中国出现了最早的现代化海军[49]。

整个晚清民国都是如此,在一个主权不完整的国家,海权不可能振兴,海洋经济更无从谈起。国家的主权独立是海权发展的前提条件。

海权的真正发展,是在新中国成立以后,其实反观上述海权振兴的条件便可得知。新中国的海权发展,也是起步于最基本的海洋安全层面。60 多年来,中国人民解放军海军取得了巨大的发展成就,中国的海防有了最基本的安全保障,目前的人民海军,正向着"蓝水海军"发展。不断强大的中国需要一支强大的人民海军,也有能力建设一支强大的海军。

1.3.2　海洋大数据国际现状

1) 以 NOAA 为代表的美国[41,50,51]

美国是当今世界唯一的超级海洋大国,拥有 22 680 km 以上的海岸线,海洋生物资源为美国提供了丰富的食物、工业原料、医疗保健新药。海洋已成为对美国国家安全、经济发展、社会兴旺极其重要的体系。美国历来把海洋开发战略作为国家的长期发展战略,美国海洋强国战略思想源于马汉的"海权论",为争夺海洋控制权,各届政府都明确将海洋战略纳入国家整体战略之中,并使其在国家战略决策中处于优先地位。

20 世纪 60 年代以来,美国政府发表了一系列"海洋宣言",同时也制定了一系列"海洋战略",如:《我们的国家和海洋——国家行动计划》(1969 年)、《全国海洋科学规划》(1986年)、《海洋行星意识计划》(1995 年)、《美国海洋 21 世纪议程》(1998 年)、《制定扩大海洋勘探的国家战略》(2000 年)、《21 世纪海洋蓝图》(2004 年)。2001 年 7 月,美国成立了全国统一的海洋政策研究机构——美国海洋政策委员会。2004 年公布了《美国海洋行动计划》,对落实美国《21世纪海洋蓝图》提出了具体的措施,并对美国政府未来几年的海洋发展战略做出了全面部署。2007年,美国发布《2006年美国海洋政策报告》,制定了新的国家海洋研究战略。同年公布的《21世纪海上力量合作战略》被视为美国自20世纪80年代以来提出的相对完整的海上力量发展战略。该战略着重强调了海上力量应如何赢得未来战争,是美国海军根据冷战后形势对马汉"制海权"理论的创新和发展。

为了实现在21世纪"确保美国在海洋和沿海活动领域世界领导者的地位"的战略目标,美国确定了近期的主要目标:① 巩固美国海上运输业、海洋油气业和海洋渔业在世界上的大国地位;② 继续"保持并增强美国在海洋科学及海洋技术领域的领导地位",特别是要确保美国在海洋工程技术、海洋生物技术、海水淡化技术、海洋能发电技术等高新技术居世界领先地位;③ 加强海军海洋学和海洋气象领域方面的建设;④ 以保护环境的方式开发海洋战略资源。2008年,美国国家海洋和大气管理局(The National Oceanic and Atmospheric Administration,NOAA)正式公布了2008—2014年的综合海洋观测系统(Integrated Ocean Observing System,IOOS)战略规划,通过该系统可以改进对生态系统和气候的理解、保护海洋生物资源的持续利用、改善公共安全和健康、减少自然灾害和环境变化对人们的不良影响、强化对海上商业和运输活动的支持,从而使NOAA及其合作伙伴更好地服务整个国家。通过与联邦和非联邦的合作者展开协作,领导整合海洋、海岸带和大湖区的观测力量,最大限度地获得数据和信息产品,为决策提供依据,促进国家和世界的经济、社会以及环境的持续发展。

明确了以下七大目标:① 促进高品质、完整综合的原始数据的获得;② 加强数据产品及决策支持工具的开发;③ 支持NOAA和区域海洋观测能力;④ 针对NOAA IOOS的各方面工作建立起一个功能性的管理架构;⑤ 发展和实施具有凝聚力的NOAA IOOS计划的规划;⑥ 通过研究、教育和培训实现IOOS的社会和经济利益最大化;⑦ 协调通信和行动,充当"信息经理人",以促进NOAA IOOS分布式执行通畅等。

2）以英法为代表的欧洲[41]

英国位于大不列颠群岛上,面积244 100 km²,海岸线长11 450 km。近几十年来,英国政府十分重视海洋发展战略,20世纪90年代,发布了《90年代海洋科技发展战略规划》报告,提出以后10年国家海洋六大战略目标和海洋发展规划。1995年,英国政府成立海洋技术预测委员会。进入21世纪,英国政府公布了海洋责任报告,把利用、开发和保护海洋列为国家发展的重点和基本国策,制定了以保卫北大西洋东侧海上交通线为基本内容的海军强国军事战略。英国政府于2005年组织专家对"英国海洋状况报告"进行审议,出台了《海洋法令》。近年来,英国海洋发展战略与措施主要集中在立法管理、区划管理、海洋科技与环保战略创新。政府成立了海洋科学技术协调委员会和海洋管理局,修改了《大渔业政策》,设立了"环境保护特别地区",并出台了许多海洋环保措施。同时,制定了以保卫北大西洋东侧海上交通线畅通为基本内容的海军战略。

1960年，戴高乐(Charles André Joseph Marie de Gaulle，1890—1970)将军发出了"法兰西向海洋进军"的口号，1967年成立了国家海洋开发中心，其任务是在国有企业、私人企业和各部之间起桥梁作用，发展海洋科学技术，研究海洋资源开发。20世纪70年代初，为了强化"海洋化"，制定了加大海洋调查、充分利用巨大海洋资源的海洋大国战略目标。进入80年代，法国的海洋管理有了很大发展，首先在政府部门中增设了"海洋部"，负责制定并实施法国海洋政策；负责法国本土管辖海域和海外领地管辖海域；保护海洋环境等，使法国的海洋实现了集中统一管理。1984年成立了"法国海洋开发研究院"；90年代，法国制定了1995—2000年"海洋战略计划"。2005年，法国决定成立海洋高层专家委员会，负责制定今后10年的海洋政策。自20世纪90年代以来，为了落实1992年联合国环境与发展大会通过的《21世纪议程》提出的开展海洋综合管理的建议，欧盟及其成员国采取了一系列加强海洋工作的措施，并取得可喜成绩。2006年6月，欧盟颁布了《欧盟海洋政策绿皮书》。2007年10月，欧盟委员会在各成员国磋商成果的基础上颁布了《欧盟海洋综合政策蓝皮书》，以确保海洋资源的综合管理。

3) 日韩为代表的亚洲[41]

日本是一个岛国，海岸线超过30 000 km，对海洋的依附性极大。作为国际海洋法新秩序实践活动的积极参与者，日本早在1872年就确立了海军节，利用国家权力加速海军建设和发展。19世纪后半叶，日本通过发动一系列侵略战争，迅速跻身世界帝国主义列强行列。20世纪60年代以来，日本政府把经济发展的重心从重工业、化工业逐步向开发海洋、发展海洋产业转移，积极推行"海洋立国"战略，尤其重视海洋技术的积累。1968年，《日本海洋科学技术计划》出台，为海洋经济的快速发展奠定了良好的基础。1980年以后，日本更加注重海洋管理，先后制定了《海岸事业计划》和《日本海洋开发推进计划》。21世纪以来，日本试图保持其在海洋技术方面的领先优势，同时开始注重海洋的整体协调发展。2000年的《日本海洋开发推进计划》和《2010年日本海洋研究开发长期规划》详细阐述了日本在海洋发展战略方面的基本政策。2001年，海洋开发和宇宙开发被确立为维系国家生存基础的优先开拓领域。2004年，日本发布了第一部海洋白皮书。2007年，日本通过了《海洋基本法》和《海洋建筑物安全水域设定法》。2008年，《海洋基本计划草案》出台。近年来，日本以大型港口城市为依托，以海洋技术进步、海洋产业高度化为先导，以拓宽经济腹地范围为基础，大力发展海洋经济区域。目前，日本已形成关东广域地区集群等九个地区集群，不仅构筑起各地区连锁的技术创新体制，也形成了多层次的海洋经济区域，很大程度上带动了经济发展。

韩国三面环海，海岸线超过1.1万km，海洋产业占GDP的7%，居世界第10。韩国把海洋作为其民族的"生活海、生产海、生命海"，1996年成立了海洋水产部，对全国的海洋事务进行统一管理。近20年来，韩国一直进行沿海大陆架的油气勘探活动，1989年制定了宏大的"西海岸开发计划"，1996—2005年的《海洋开发计划》致力于海洋资源开发、生态环境保护、海岸带管理、海洋科学研究和高技术开发的一体化。韩国的海洋发展战略是在完善港口和航运业等基础建设以及制定海洋环境保护方案的基础上,将海洋资源的合理开发利用作为其海洋发展战略的基本内容。其海洋资源开发利用的基本措施主要包括以下几个方面:开发太平洋深海海域海洋资源;培育高附加值的海洋生物工业;利用海洋能源和其他资源;扩展可持续的渔业资源储备项目。进入21世纪,《韩国21世纪海洋》国家战略出台,旨在解决食物、资源、环境、空间等紧迫问题及21世纪面临的挑战。

印度三面环海,拥有超过7 000 km的海岸线,是通向海湾、非洲和经红海、苏伊士运河至地中海的必经之路,海上利益十分突出。长期以来,印度政府深受海权论的影响,一直大力发展海上力量,注重对印度洋制海权的争夺,并不断调整海洋战略,以适应不断变化的国际环境。印度海洋战略的发展大概分为四个阶段。1947年到60年代末,政府确立了对外奉行中立不结盟,在防务上重陆轻海。60年代末到70年代,印度夺取和巩固了南亚次大陆的战略支配地位,以印巴战争为契机开始谋求在印度洋北岸的海上优势。80年代开始,印度提出了所谓的"东方海洋战略",把海军列为建设的重点,并开始全面推行"印度洋控制战略"。90年代后至今开始了第四阶段,印度开始在印度洋推行扩张战略,力求使其海上力量进一步向其他海域辐射。

几十年来,印度不断加强海洋工作,1982年签署了《联合国海洋法公约》,同年颁布了印度海洋政策纲要,1985年批准了《联合国海洋法公约》。由于印度政府对海洋工作的高度重视以及在政策、法规、机制、科研、资源利用、环境保护和相关的基础设施建设等方面采取的一系列措施,印度的海洋事业得到了飞速发展。随着海洋在全球经济、社会、军事乃至政治上的作用日益增强,印度将会给海洋事业以更大的投入,其实现"迈入世界海洋开发事业前沿地位"的理想可能不再遥远。

4) 以澳大利亚和加拿大为代表的其他国家[41]

澳大利亚位于南半球,在太平洋的西南部和印度洋之间,由大陆和岛屿组成,面积约768万km²,海岸线长约2万km,气候为热带和亚热带气候。澳大利亚很重视海洋开发,是世界上海洋产业产值对国民经济贡献率最高的国家,达8%。在海洋产业的许多方面,澳大利亚处于世界领先地位,而且发展潜力很大。澳大利亚海洋产业优势领域有:高速铝壳船和渡轮的设计和建造、海洋石油与天然气、海洋研究、旅游、环境管理、农牧渔业等。澳大利亚政府特别重视海洋产业的可持续发展,提出一定要在有效可持续性以及最佳化发展上使海洋产业成为具有国际竞争力的大产业,还要使海洋生态达到可持续性。

加拿大由三大洋环绕,大陆架面积大于其陆地面积的一半,专属经济区面积达326万km²,在世界各国中拥有最长的海岸线(长224 000 km)。1997年,加拿大政府颁布并实施了《海洋法》,使加拿大成为世界上第一个具有综合性海洋管理立法的国家。2002年,《加拿大海洋战略》出台,该战略提出在海洋综合管理中坚持生态方法;重视现代科学知识和传统生态知识;坚持可持续发展原则;了解和保护海洋环境、促进经济的可持续发展和确保加拿大在海洋事务中的国际地位。2005 年,国家颁布了《加拿大海洋行动计划》。

为了实现国家的海洋战略目标,加拿大政府和有关各方制定了具体措施,这些措施包括:加深对海洋的研究;保护海洋生物的多样性;加强对海洋环境的保护;加强海运和海事安全;加强对海洋的综合规划;振兴海洋产业;加强对公众,特别是青少年的教育,增强全社会的海洋保护意识观念;加强海洋科学和技术专家队伍建设等。

其他国家也很重视海洋事业发展,如,2001 年俄罗斯颁布《俄罗斯联邦至 2020 年海洋政策》;同年 9 月成立了俄罗斯联邦政府海洋委员会。荷兰和巴西成立了部门间海洋委员会;越南 1997 年对发展海洋经济做出了全面具体的规划与部署,后成立了国家海洋事务协调委员会。2006 年 8 月越南提出"要将越南建设成为海洋经济强国";菲律宾成立了内阁级海洋事务协调委员会;印度尼西亚成立了海洋与渔业部。这些国家在健全机构的同时,逐步开始从整体上考虑海洋政策问题,制定新的海洋发展战略,向建设海洋强国的目标迈进。

1.3.3　海洋大数据国内现状

1) 国家完备的海洋监测体系的形成[52]

在 20 多年的海洋监测工作基础上,我国海洋部门不断优化海洋环境监测方案。2006 年,全国沿海地区、市各级海洋部门完成了全海域以及 600 多个陆源入海排污口、19 个赤潮监控区、18 个生态监控区、22 个海水浴场等 20 余项监测任务,获得了大量的一手资料。根据海洋部门监测,陆源污染物是造成我国海洋环境恶化的主要来源,为加强对陆源污染的监督,各级海洋部门加大了对陆源入海排污口及其邻近海域环境的监测工作,监测项目还增加了难降解类有机物、环境内分泌干扰物以及剧毒类金属等对人类身体健康有害的物质监测。

为给各级政府开展海洋环境污染防治工作提供依据,各级海洋部门还将环境监测结果以专题汇报或通过媒体的方式向政府和公众发布。目前,我国所有沿海省(自治区、直辖市)和计划单列市均已发布海洋环境质量公报和海洋灾害公报,沿海四分之三以上的地级市和部分沿海县也开始发布了公报。

2) 国家近海海域综合调查与评价[53]

2011 年 4 月 18 日,国家海洋局在北京召开的 908 专项(近海海洋综合调查与评价重大专项)领导小组第八次会议上宣布,目前 908 专项主体任务全面结束,已进入最后的验收准备阶段,一大批专项成果相继推出并开始应用。

908 专项于 2003 年由国务院正式批准实施,内容包括开展我国近海海洋环境综合调查、近海海洋环境综合评价和近海"数字海洋"信息基础框架构建。该专项是新中国成立以来调查规模最大、涉及学科最全、国家投入最多、采用技术手段最先进的我国近海海洋综合调查与评价专项,旨在摸清我国近海和管辖海域海洋资源环境的基本状况,为我国发展海洋经济、保护海洋环境、加强海洋综合管理提供科学依据和技术支撑。

据了解,目前专题调查获得了我国海岛数量与地理位置、海岸线长度、近海海洋可再生能源蕴藏量与分布、海水资源开发利用现状、海洋灾害的分布等第一手资料。这将为合理开发海洋资源、有效管理和保护海岛、优化海洋产业结构、转变海洋经济发展方式、应对突发海洋灾害及防灾减灾等提供翔实权威的基础数据支持。

为掌握沿海地区海洋开发利用的实际状况,908 专项还组织实施了海岛海岸带、海洋灾害、海水资源利用、海洋可再生能源、海域使用现状、沿海地区社会经济等一系列专题调查。

在此基础上,结合经济发展、海洋管理、环境保护、防灾减灾等现实需要,专项组织开展了 40 多个针对我国近海海洋环境资源状况的专题评价项目。首次系统获得了我近海海域物理海洋与海洋气象、海洋生物生态、海洋化学、海洋光学、海底底质、海底地形地貌和海洋地球物理等大范围、高精度的海量调查数据,全面更新和丰富了我国近海海洋环境基础数据,绘制了全新的海洋环境要素基础图件。

3) 国家海洋防灾减灾能力建设[54,55]

统计数据显示,2010 年中国累计发生 132 次风暴潮、海浪和赤潮过程,其中 44 次造成灾害。各类海洋灾害(包括海冰、浒苔等)造成直接经济损失 132.76 亿元。2011 年,海洋灾害造成中国直接经济损失 62 亿元,死亡或失踪 76 人。

目前海洋灾害中除海啸、风暴潮和海冰等自然灾害以外,人类自身活动造成海洋污染而引起的灾害,如浒苔、赤潮和溢油等,对沿海生产生活造成的影响已不容小视。在发展经济的同时,应注意保护海洋环境,否则人类只能自食苦果。

虽然中国在海洋灾害预警能力方面与世界先进水平还有一定距离,但近年来国家在海洋防灾减灾方面投入了大量的人力和物力,海洋观测预报能力建设在近几年得到了飞速发展。

2014 年伊始,国家海洋局局长刘赐贵在全国海洋工作会议上明确指出,要"推进海洋防灾减灾体制机制建设",具体提出了四项能力建议内容:① 扎实做好海洋灾害风险评估工作;② 不断规范和完善海洋灾害调查评估工作;③ 科学组织海洋减灾综合示范区建设;④ 逐步提升中心业务保障能力。

4) 国家"数字海洋"的全面建设[53,56,57]

2012 年 2 月 28 日,国家海洋局在 908 专项领导小组第九次会议上宣布,到目前为止,908 专项 295 个合同任务中,调查任务、评价任务、"数字海洋"信息基础框架建设已全面完成,成果集成任务、沿海省市专项任务也已完成主体工作,一大批专项成果已经在海洋工作和沿海经济社会发展中得到广泛应用。908 专项内容包括开展我国近海海洋综合调查、综合评价和构建我国近海"数字海洋"信息基础框架。

根据我国数字海洋发展的总体战略规划,我国数字海洋建设将划分为信息基础框架、透明海洋和智慧海洋建设三个阶段。通过国家908专项的实施,现已完成第一阶段的建设任务。

◇参◇考◇文◇献◇

[1] 姜守明.世界地理大发现[J].大自然探索,2005(12):10-17.

[2] 维克托·迈尔-舍恩伯格.大数据时代[M].盛杨燕,周涛,等,译.杭州:浙江人民出版社,2013.

[3] 戴维·阿诺德.地理大发现[M].闻英,译.上海:上海译文出版社,2003.

[4] 杨橺.少年科学大讲堂——大航海时代[M].上海:少年儿童出版社,2008.

[5] 维基百科.腓尼基人[EB/OL].http://zh.wikipedia.org/wiki/腓尼基,2014.

[6] 瓦斯科·达·伽马.长江教育网[EB/OL].http://www.blcjedu.net/OnlineSchools/KPBK/ SX5K/World/GDP/2004-10-11/556.html,2004.

[7] 李约瑟.中国科技史[M].北京:科学出版社,2013.

[8] E.B.波特.海上力量——世界海军史[M].北京:北京艺术与科学电子出版社,2002.

[9] 新华每日电讯.走近葡萄牙航海纪念碑[EB/OL].http://news.xinhuanet.com/mrdx/2014-08/29/c_133604703.htm,2014.

[10] 陈炎.海上丝绸之路与中外文化交流[M].北京:北京大学出版社,1996.

[11] 维基百科.巴尔托洛梅乌·迪亚士[EB/OL].http://zh.wikipedia.org/wiki/巴爾托洛梅烏·迪亞士,2014.

[12] 巫大健.海上丝绸之路时期泉州多宗教文化共存现象的原因及特征探析[D].乌鲁木齐:新疆师范大学,2013.

[13] 张箭.地理大发现研究[M].北京:商务印书馆,2002.

[14] 李士豪,屈若搴.中国渔业史[M].北京:商务印书馆,1998.

[15] 史键辉,王名文,王永信,等.风暴潮和风暴灾害分级问题的探讨[J].海洋预报,2000,17(2):12-15.

[16] 杨桂山.中国沿海风暴潮灾害的历史变化及未来趋向[J].自然灾害学报,2000,9(3):23-30.

[17] 王斌飞,翟晴飞,敖雪,等.辽宁风暴潮灾害分析[J].安徽农业科学,2014(6):1765-1768.

[18] 陈思宇,王志强,廖永丰.台风风暴潮灾害主要承灾体的成灾机制浅析——以2013年"天兔"台风风暴潮为例[J].中国减灾,2014(3):44-46.

[19] 王喜年.全球海洋的风暴潮灾害概况[J].海洋预报,1993(1):30-36.

[20] 赵霞,张成玲.世界十大海啸灾难[J].地理教育,2013(7):126.

[21] 晓金.地震引发的海啸灾害[J].生命与灾害,2014(5):8-9.

[22] 冯昭奎.日本大地震的政治、经济影响分析[J].当代世界,2011(4):17-20.

[23] 彭冀,陶爱峰,齐可仁,等.近十年中国海浪灾害特性分析[C].第十六届中国海洋(岸)工程学术讨论会论文集(上册),2013.

[24] 维基百科.灾害性海浪[G/OL].http://www.baike.com/wiki/灾害性海浪,2011.

[25] 廖小梅.海水入侵对地下水造成的危害[J].中国高新技术企业,2014(5):48-49.

[26] 毕建新,贾承建,王仕昌.山东省海(咸)水入侵演化趋势与防治对策探讨[J].山东国土资源,2010,26(3):5-11.

[27] 赵建.海水入侵水化学指标及侵染程度评价研究[J].地理科学,1998,18(1):16-24.

[28] 赵书泉,徐军祥,李培远,等.高密度电法在莱州湾东南岸海水入侵监测中的应用[C].2004年海岸带地质环境与城市发展研讨会,2004.

[29] 郭晓婷,邵晓昕.浅析海岸带侵蚀[J].环境保护与循环经济,2011,31(5):37-39.

[30] 陈子燊,于吉涛,罗智丰.近岸过程与海岸侵蚀机制研究进展[J].海洋科学进展,2010,28(2):250-256.

[31] 薛春汀.中国海岸侵蚀治理和海岸保护[J].海洋地质动态,2002,18(2):6-9.

[32] 沈焕庭,胡刚.河口海岸侵蚀研究进展[J].华东师范大学学报:自然科学版,2006(6):1-8.

[33] 杨孝文.十起最严重的原油泄漏事故[J].百科知识,2010(12):30-31.

[34] 拓福军,孙跃武.浅析原油泄漏事故处理及预防措施[J].中国科技投资,2014(16):176.

[35] 沈婷婷.都是漏油惹的祸——史上最严重的海上石油泄漏事件系列[J].海洋世界,2010(7):28-31.

[36] 章鲁生.人为的"冰海沉船"是如何被历史淹没的[J].青年参考,2013(26):22.

[37] 彭燚.历史上的重大海难[J].湖南安全与防灾,2015(3):45.

[38] 王素霞.历史上最惨烈的海难[J].航海,2005(6):32-34.

[39] 佚名.墨西哥湾漏油事件演变为美国史上最大环境灾难[J].记者观察:下,2010(6):7-8.

[40] 潘晶.泰坦尼克号:浮沉一百年[J].看历史,2012(4):11-25.

[41] 殷克东,卫梦星,孟昭苏.世界主要海洋强国的发展战略与演变[J].经济师,2009,1(4):8-10.

[42] 铁血军事.美国崛起的最大推手——德意志帝国通过两次世界大战将美国推到了世界第一[G/OL].http://bbs.tiexue.net/post2_3304030_1.html,2009.

[43] 夏东.美国崛起因素考察及启示[J].合作经济与科技,2013(18):22-24.

[44] 郑凡.马汉海权思想研究[M].成都:四川省社会科学院,2012.

[45] 劳伦斯·桑德豪斯.德国海军的崛起:走向海上霸权[M].NAVAL,译.北京:北京艺术与科学电子出版社,2013.

[46] 徐静波.大航海时代以后日本人对外界与自身的新认识[J].日本学刊,2009,1(3):112-125.

[47] 高云.俄罗斯海洋战略研究[D].武汉:武汉大学,2013.

[48] 孙光圻.中国航海历史的形成时期——春秋战国(公元前770年—前221年)[J].世界海运,2011,34(3):54-56.

[49] 郑义炜.陆海复合型的中国发展海权的战略选择[J].世界经济与政治论坛,2013,1(3):20-30.

[50] 中国科学院对地观测与数字地球科学中心.NOAA综合海洋观测系统(IOOS)2008—2014年战略规划[G/OL].http://www.ceode.cas.cn/ghzl/fzzl/200808/t20080815_2371265.html,2008.

［51］ 汪勤模.美国90年代的NOAA气象卫星计划[J].国外空间动态,1988,1(2)：5-8.

［52］ 卜志国.海洋生态环境监测系统数据集成与应用研究[D].青岛：中国海洋大学,2010.

［53］ 杨柠语.图说中国海洋基本家底[J].海洋世界,2012,6(2)：17-27.

［54］ 佚名.全国海洋经济发展"十二五"规划[J].船舶标准化工程师,2013,46(2)：17-29.

［55］ 高忠文.推进海洋防灾减灾体制机制建设[J].中国海洋报,2014,5(2)：58-64.

［56］ 张峰,金继业,石绥祥.我国数字海洋信息基础框架建设进展[J].海洋信息,2012,2(1)：1-16.

［57］ 张峰,石绥祥,李四海.数字海洋重点实验室的建设与思考[J].实验技术与管理,2011,28(10)：172-174.

第 2 章

海洋大数据获取与特征

　　地球表面海洋面积约 3.62 亿 km²，约占地球总表面积的 71%；海洋平均深度达 3 800 m，总体积约为 14 亿 km³。海洋蕴含丰富的化学资源、矿产资源、生物资源、动力资源等，其逐渐成为解决人类社会面临的人口膨胀、资源短缺和环境恶化等一系列难题的可靠途径。

　　空天地底海洋立体观测网的建立，实现了海洋的"全天时、全天候"观测，海洋数据的量呈指数增长。观测手段的多样化使得海洋数据呈现出多样、多维、多时空、多语义、多源等大数据特征。作为大数据的一个重要特例，海洋大数据有其独特的获取手段、类型与特征。本章整理海洋大数据的获取手段，分析海洋大数据的主要特征，为海洋数据的应用奠定基础。

2.1　海洋大数据的获取

2.1.1　空基监测平台海洋数据的获取

1) 海洋卫星遥感/影像数据

　　(1) 海洋卫星遥感的主要仪器。海洋卫星遥感是指利用卫星遥感技术来观察和研究海洋的一门学科，是海洋环境立体观测的主要手段，图 2-1 所示为卫星遥感的基本示意。海洋卫星遥感能采集 70%~80% 海洋大气环境参数，为海洋研究、监测、开发和保护等提供了一个崭新的数据集，这些信息是人类开发、利用和保护海洋的重要信息保障[1]。海洋卫星分为海洋观测卫星和海洋侦察卫星，目前常用的海洋卫星遥感仪器主要有雷达散射计(radar scatterometer)、雷达高度计(radar altimeter)、合成孔径雷达(synthetic aperture radar，SAR)、微波辐射计(microwave radiometer)及可见光/红外辐射计(visible light/infrared radiometer)、海洋水色扫描仪(ocean color scanner)等[2]。雷达散射计提供数据可反演海面风速、风向和风应力以及海面波浪场。利用散射计测得的风浪场资料，可为海况预报提供丰富可靠的依据。星载雷达高度计可对大地水准面、海冰、潮汐、水深、海面风强度和有效波高、"厄尔尼诺"现象、海洋大中尺度环流等进行监测和预报。利用星载雷达高度计测量出赤道太平洋海域海面高度的时间序列，可以分析出其大尺度波动传播和变化的特征，对"厄尔尼诺"现象的出现和发展进行预报；它能在整个大洋范围测出海面动力高度，是唯一的大洋环流监测手段。合成孔径雷达可确定二维的海浪谱及海表面波的波长、波向和内波。根据 SAR 图像亮暗分布的差异，可以提取海冰的分冰岭、厚度、分布、水-冰边界、冰山高度等重要信息，还可以用来发现海洋中较大面积的石油污染，进行浅海水、深河水下地形测绘等工作。微波辐射计可用于测量海面的温度，以便得出全球大洋等温线分布。如美国 NOAA-10、11、

12 卫星上的先进甚高分辨率辐射仪（advanced very high resolution radiometer，AVHRR）为代表的传感器，可以精确地绘制出海面分辨率为 1 km、温度精度高于 1℃的海面温度图像。

可见光/近红外波段能测量海洋水色、悬浮泥沙、水质等。

（2）海洋卫星遥感的国内外发展现状。海洋卫星观测始于 1957 年苏联发射的第一颗人造地球卫星。1960 年 4 月，美国国家航空航天局（National Aeronautics and Space Administration，NASA）发射了第一颗电视与红外观测卫星 TIROS-Ⅰ，随后发射的 TIROS-Ⅱ卫星开始涉及海温观测。1961 年，美国执行"水星计划"，航天员有机会在高空观察海洋。其后，"双子星座"号与"阿波罗"号宇宙飞船获得大量的

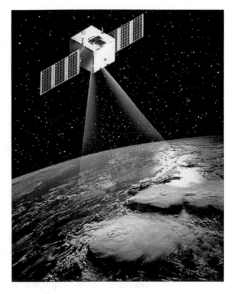

图 2-1 卫星遥感示意[1]

彩色图像以及多光谱图像。目前国外的海洋卫星主要有美国海洋卫星（SEASAT）、日本海洋观测卫星系列（MOS）、欧洲海洋卫星系统（ERS）、加拿大雷达卫星（RADARSAT）等。

20 世纪 80 年代以来，我国开始重视海洋卫星遥感事业的发展，在风云-1（FY-1）系列卫星遥感器的配置上，同时增配了海洋可见光和红外遥感载荷[3]。1988 年 9 月和 1990 年 9 月发射了 FY-1A 和 FY-1B；1999 年 5 月和 2002 年 5 月发射了 FY-1C 和 FY-1D；2002 年 5 月发射了 HY-1A 卫星（中国第一颗用于海洋水色探测的试验型业务卫星），2002—2004 年，我国利用 HY-1A 卫星数据并结合其他相关资料，对发生在渤海、黄海、东海近 24 次赤潮实施预警和监测，累计发布卫星赤潮监测通报 20 期，为我国海洋防灾减灾提供了重要的信息服务，并为海洋环境保护与管理提供了科学依据，图 2-2 是根据 HY-1A 卫星数据发现的渤海赤潮[4]；2007 年 4 月发射了 HY-1A 的后续星 HY-1B，图 2-3 所示为 HY-1B 于 2011 年 1 月 29 日采集到的海冰遥感影像。随后 2011 年 8 月 16 日发射了海洋动力环境卫星（HY-2），图 2-4 显示了 2011 年 10 月 29 日—11 月 12 日雷达高度计 14 天有效波高产品图。

我国目前正处于研发阶段的海洋三号（HY-3）卫星为海洋雷达卫星，主要载荷为多极化、多模态合成孔径雷达，能够全天候、全天时和高空间分辨率地获取我国海域和全球热点海域的监视监测数据，主要为海洋权益维护、海上执法监察、海域使用管理，同时

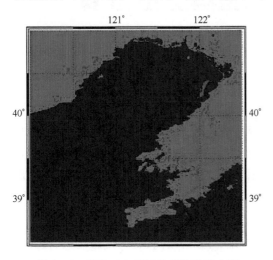

图 2-2 HY-1A 卫星发现的渤海赤潮

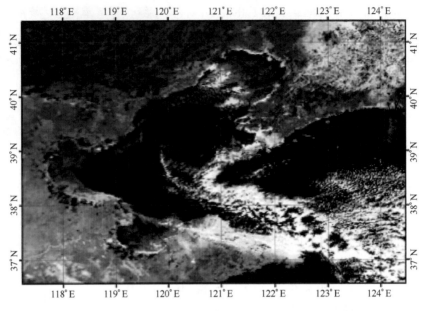

图2-3 2011年1月29日HY-1B采集的海冰遥感影像

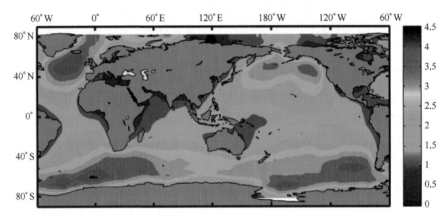

图2-4 2011年10月29日—11月12日雷达高度计14天有效波高产品图(单位：m)

为海冰、溢油等监测提供支撑服务[5]。

2) 海洋航空影像/遥感数据

航空影像/遥感数据是指依靠飞机、飞艇、气球等飞行器为飞行平台,搭载不同的遥感设备而获取的相关数据,图2-5显示了基于飞机航空遥感的基本原理。航空遥感上搭载的航空遥感设备可分为：① 机载航空摄影测量系统；② 机载激光雷达；③ 机载成像光谱仪；④ 机载微波遥感仪器。

海洋航空影像/遥感数据主要用于海岛海岸带测绘、电站温排水、海上溢油、海冰、赤潮(绿潮)监测等。航空影像/遥感获取数据存在灵活机动、分辨率高、受天气影响大、覆盖范围小等特点,主要用于重点部位的遥感监测。

图 2-5 飞机航空遥感基本原理示意

3）其他空基影像/遥感数据

无人航空器(unmanned aerial vehicle，UAV)俗称无人机，是近年发展起来的一种集观测、侦察、监视、攻击于一身的空中平台。在海洋观测中，用于收集海上情报、部署无人水下航行器、监测水面水体状况。用于海洋观测的无人机，可以携带多种传感器包，例如气象、海面温度、超光谱水色、潮汐和波浪高度等。原则上，无人机可以一天或更长一些的时间飞行在某个位置，可以进行高空间分辨率的时序采样，其主要用途为突发事件及灾害监测和高时效性的资源监测。无人机遥感机可满足目前海监执法和海洋资源巡查要求，执行海洋执法监察、环境监测、环境保护等任务。图 2-6 显示了美国研发的两款无人机。

(a)

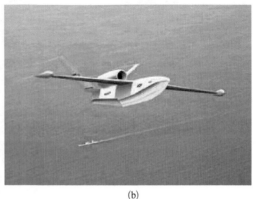

(b)

图 2-6 美国研发的无人机

(a) 美国"龙眼"无人机；(b) 美国"翠鸟Ⅱ"无人机

2.1.2　陆基监测平台海洋数据的获取

1）沿岸海洋台站观测数据

海洋台站是建立在沿海、岛屿、海上平台或其他海上建筑物上的海洋观测站的统称[6]。海洋台站自动观测系统是最基本的海洋观测装备,观测的参数与服务对象有关,其主要任务是在人们经济活动最活跃、最集中的滨海区域进行水文气象要素的观测和资料处理,以便获取能反映观测海区环境的基本特征和变化规律的基础资料,为沿岸和陆架水域的科学研究、环境预报、资源开发、工程建设、军事活动和环境保护提供可靠的依据,具有连续性、准确性、时效性的特点[2]。

美国是建立海洋观测站进行海洋环境监测的国家之一[7],1981 年就开始建设海洋环境自动观测服务系统。目前,美国的沿岸海洋气象观测网(C-MAN)约有 70 个,与锚系浮标网一起,由美国国家资料浮标中心(The National Data Buoy Center,NDBC)管理,主要为气象预报服务。美国国家资料浮标中心拥有 1 042 个观测平台(图 2-7)的观测数据,其中 758 个能够提供实时资料。

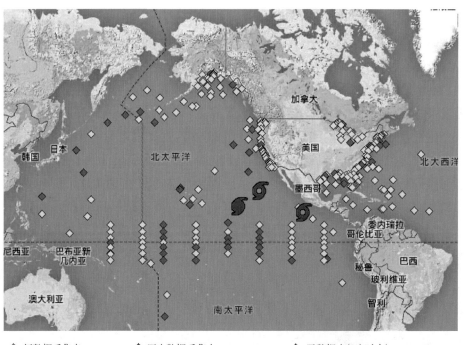

◇ 新数据采集点　　　　◆ 历史数据采集点　　　　◆ 无数据点(8小时内)

图 2-7　美国国家资料浮标中心拥有的观测平台

日本作为一个岛国,四面环海,受海洋影响巨大,日本非常重视海洋环境的观测、监测工作。20 世纪 60 年代中后期以来,日本对海洋的关注越来越强烈,并推动其海洋政策的屡次调整。由于海洋政策的导向作用,日本的海洋监测事业迅速发展,根据 1994 年的参考资料,日本沿岸有综合海洋站 70 余个,潮汐站 150 余个,波浪站 200 多个。

根据日本海洋学数据中心(Japan Oceanographic Data Center, JODC)[8]资料,目前,日本近岸海域环境监测站数量多,基本覆盖了其近岸海域特别是人口比较稠密、海洋开发度高、经济比较发达的沿海地区。图 2-8 所示为日本 JODC 所属观测站点上 CTD 设备的分布情况。

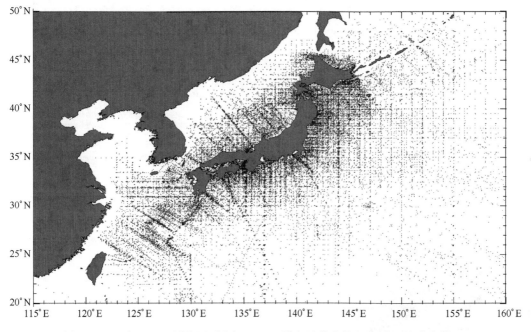

图 2-8 日本 JODC 所属观测站点上 CTD 设备的分布情况(蓝色点为分布情况)

我国在古代就开展了潮位的定点观测,这就是中国最早的海洋观测站。1905 年,德国人首先在青岛港一号码头修建验潮站开始海洋观测,到 1949 年新中国成立前夕,在中国沿海建立的海洋观测站约有 20 个。1958 年,国务院批准了国家科委统一建设海洋观测站的报告,从 1959 年开始,在全国沿岸布设了 119 个水文气象站。截至 1997 年,我国有各种海滨观测站 524 个,其中海洋站 61 个、验潮站 191 个、气象台站 113 个、地震观测站 158 个、雷达站 1 个。全国联网监测的海洋污染监测站 248 个。2007 年,根据国家海洋局新闻信息办公室发布的信息,我国有海洋站 65 个、固定验潮站 70 多个、监测台风雷达站 6 个、测冰站 1 个。

目前,我国先后建在沿海同时进行海浪、温盐、气象等多要素观测的站约有 108 个,包括 14 个中心海洋站,其中东海区有 50 个,可进行潮汐、海浪、温盐、海冰、气象和污染等项目的观测、监测,海洋站观测系统初具规模。图 2-9 显示了其中一个海洋站自动观测到的海洋水文数据的展示界面,图 2-10 为东海某区域观测站获取的海洋信息展示系统界面。

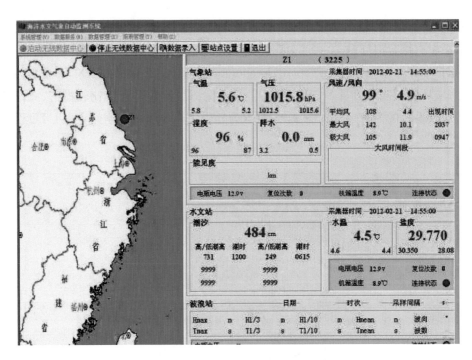

图 2-9 海洋水文气象自动监测系统运行界面

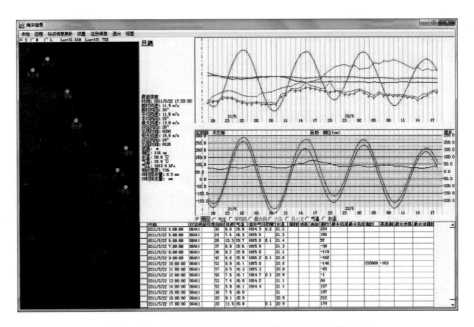

图 2-10 东海观测站获取的海洋信息展示系统界面

2) 岸基雷达观测数据

岸基雷达观测又称岸基遥感观测,主要是通过在海岸上安装雷达设备实施对海洋要素的监测,主要包括高频地波雷达(high frequence surface wave radar,HFSWR)和 X 波段雷达(X band radar，XBR)。

在海洋环境监测领域,地波超视距雷达具有覆盖范围大、全天候、实时性好、功能广、性价比高等特点,在气象预报、防灾减灾、航运、渔业、污染监测、资源开发、海上救援、海洋工程、海洋科学研究等方面有广泛的应用前景。

美国、英国、加拿大、俄罗斯等国都相继研制了高频地波雷达[9],如图 2-11 所示为雷声加拿大公司研制并应用的 HFSWR-503 型高频地波雷达的天线阵列,图 2-12 所示为美国

图 2-11 雷声加拿大公司研制并应用的 HFSWR-503 型
高频地波雷达的天线阵列

图 2-12 美国 CODAR 公司生产的著名 SeaSonde 地波雷达

CODAR 公司生产的著名 SeaSonde 地波雷达。其数据和数据产品有原始测量数据、径向流数据、表面流合成矢量数据、表面流合成矢量图等。

国内哈尔滨工业大学于 20 世纪 80 年代初开始开展高频地波雷达的研制工作。武汉大学在 1993 年完成高频地波雷达 OSMAR 样机的研制并在广西北海进行了海流探测试验；2001 年以来，西安电子科技大学也开展了综合脉冲孔径体制高频地波超视距雷达的研究；国产高频地波雷达分别于 2000 年 10 月、2004 年 4 月、2005 年 8 月、2007 年 8 月和 2008 年 8 月在东海等地组织进行了对高频地波雷达海洋动力学参数探测能力的五次海上现场对比验证试验，全面验证了国产高频地波雷达流场探测性能，其中 2008 年 8 月在福建示范区进行的比测试验证明国产高频地波雷达具备常规业务化运行能力。

X 波段雷达是对火控、目标跟踪雷达的统称，其波长在 3 cm 以下。X 波段雷达有上下左右各 50°的视角，并且该雷达能够 360°旋转侦察各个方向的目标。X 波段雷达将用于弹道导弹防御、测试、演习、训练，并协同观测比如太空碎片、航天飞机等的运动。X 波段雷达发射和接收一个很窄的波束，绝大部分能量都集中在主波束中，每一束波都包含一系列的电磁脉冲信号。X 波段雷达的波束将在环雷达 360°角内，但是不会引导到与地平线水平位置。

部署在海岸上的 X 波段雷达称为海基 X 波段雷达，它由一个安装在海上平台的先进雷达系统所构成。X 波段雷达具有天线波束窄、分辨率高、频带宽、抗干扰能力强等特点，主要用于对弹道导弹、巡航导弹和隐形飞机等空中目标的探测。图 2-13 所示为美国的一个海基 X 波段雷达。

图 2-13　美国海基 X 波段雷达

3）海洋浮标观测数据

海洋浮标观测是指利用具有一定浮力的载体[7]，装载相应的观测仪器和设备，被固定在指定的海域,随波起伏,进行长期、定点、定时、连续观测的海洋环境监测系统,图2-14～图2-16分别显示了常见的三种不同尺度的海洋浮标。海洋浮标根据其在海面上所处的位置分为锚泊浮标、潜标和漂流浮标。锚泊浮标用锚把浮标系留在海上预定的地点,具有定点、定时、长期、连续、较准确地收集海洋水文气象资料的能力,被称为"海上不倒翁"。潜标可潜于水下,对水下海洋环境要素进行长期、定点、连续、同步剖面观测,不易受海面恶劣海况的影响及人为(包括船只)破坏,海洋潜标系统可以观测水下多种海洋环境参数。漂流浮标可以在海上随波逐流收集大面积有关海洋资料,其体积小、重量轻,没有庞大复杂的锚泊系统,具有简单、经济的特点,有表面漂流浮标、中型浮标、各种小型漂流器等。

图2-14 大型海洋气象浮标

图2-15 中型海洋气象浮标

图2-16 小型温盐检测浮标

　　1998年,美国和日本等国家的大气、海洋科学家推出了一个全球性的海洋观测计划——ARGO(Array for Real-time Geostrophic Oceanography)计划,目的是借助最新开发的一系列高新海洋技术(如ARGO剖面浮标、卫星通信系统和数据处理技术等),建立一个实时、高分辨率的全球海洋中、上层监测系统,以便能快速、准确、大范围地收集全球海洋上层的海水温度和盐度剖面资料,以便了解大尺度实时海洋的变化,提高气候预报的精度,有效防御全球日益严重的气候灾害(如飓风、龙卷风、台风、冰雹、洪水和干旱等)给人类造成的威胁。

ARGO 计划的推出,迅速得到了包括澳大利亚、加拿大、法国、德国、日本、韩国等 10 余个国家的响应和支持,并已成为全球气候观测系统(Global Climate Observing System, GCOS)、全球海洋观测系统(Global Ocean Observing System, GOOS)、全球气候变异与预测试验(Climate Variability and Predictability, CLIVAR)和全球海洋资料同化试验(Global Ocean Data Assimilation Experiment, GODAE)等大型国际观测和研究计划的重要组成部分。

中国海洋资料浮标的研制始于 20 世纪 60 年代中期。1965—1975 年是中国海洋浮标的起步阶段,在此期间共研制了 H23 和 2H23 两个型号的海洋浮标。1975—1985 年是中国海洋浮标研究试验阶段,在此期间共研制出 HFB-1、"南浮 1"号、"科浮 2"号等自动化程度较高的海洋资料浮标。"七五"期间是中国海洋浮标的发展阶段,在此期间研制出适用于水深 200 m 以内海域的 II 型海洋资料浮标 4 套,适用于近海陆架海区的小型海洋资料浮标 4 套,适用于水深 4 000 m 以内海域的深海海洋资料浮标 2 套。与此同时,国家海洋局从英国引进 MAREX 浮标 6 套,中国海洋石油总公司引进 2 套。

2005 年 11 月 22 日,由福建省海洋与渔业厅组织福建省海洋环境与渔业资源监测中心、国家海洋局闽东海洋环境监测中心站在蕉城区三都镇青山岛白基湾深水网箱养殖区边缘海域布放了海水水质监测生态浮标。2008 年 12 月 16 日,我国渤海海峡首座海洋气象浮标站在烟台海域建成(图 2-17)。2009 年,"福建省海洋灾害监测与预警预报系统"研制的 3 号大浮标和海床基,成功布放于台湾海峡北部海域(东引岛外侧)。目前,大浮标和海床基运行状况良好,数据接收正常。2009 年 5 月,中国科学院海洋研究所黄海海洋观测研究站建设中的第一个海洋科学观测研究浮标系统,一个 2 m 垂直剖面立体观测研究浮标成功布

图 2-17　我国首座部署在渤海海峡的海洋气象浮标站

放并开始试运行。另外,1 个 3 m 综合观测研究浮标和 3 个 2 m 常规观测研究浮标也在 6 月初完成海上布放。2009 年 8 月 14 日,东海海洋科学综合观测浮标锚泊就位于东海嵊山以东预定位置(图 2-18),浮标系统观测数据采集、实时发送以及陆基数据接收站实时数据接收正常。

图 2-18　东海海洋科学综合观测浮标

4) 调查船及走航断面观测数据

海洋调查船指专门从事海洋科学调查研究的船只,用于运载海洋科学工作者和海洋仪器设备到特定的海域上,对海洋现象进行观测、测量、采样分析和数据初步处理等研究工作。海洋调查船种类很多,划分种类的方法也有数种。依据海洋调查的任务和用途来分,有综合调查船、专业调查船和特种海洋调查船。

综合调查船又有"海洋研究船"之称,其主要任务是进行基础海洋学的综合调查,如美国的"海洋学家"号、苏联的"库尔恰托夫院士"号、日本的"白凤丸"号、法国的"让·夏尔科"号等。在船上除了具备系统观测和采集海洋水文、气象、物理、化学、生物和地质的基本资料和样品所需要的仪器设备之外,还应具备整理分析资料、鉴定处理标本样品和进行初步综合研究工作所需要的条件和手段。

专业调查船只承担海洋学某一分支学科的调查任务,与综合调查船相比,具有任务单一、重点突出、工作深入等优点,船体也较小。比较常见的专业调查船有以下几种:① 海洋测量船,如美国的"威尔克斯"号和联邦德国的"彗星"号;② 海洋物理调查船,如美国的"海斯"号和苏联的"罗蒙诺索夫"号;③ 海洋气象调查船,如日本的"启凤丸"号和苏联的"海洋"号;④ 海洋地球物理调查船,如日本的"白岭丸"号和美国的"测量员"号;⑤ 海洋渔业调查船,如美国的"M·弗里曼"号和日本的"昭洋丸"号。

特种海洋调查船是为了解决某项任务,专门建造的构造特殊的调查船。目前最引人注目的有以下几种:宇宙调查船、极地考察船、深海采矿钻探船。

世界海洋调查船的发展已经有100多年的历史,1872—1876年英国海洋调查船"挑战者"号(H. M. S. Challenger)(图2-19)所进行的全球大洋调查,将人类研究海洋的进程推进到新的时代。"挑战者"号是世界第一艘海洋调查船。此后,其他海洋国家也相继改装成一些海洋调查船进行大洋调查。

图2-19 世界第一艘海洋调查船"挑战者"号

20世纪60年代,海洋调查船大发展。1962年,美国建造"阿特兰蒂斯Ⅱ"号(Atlantis Ⅱ)(图2-20),首次安装了电子计算机,标志着现代化高效率海洋调查船的诞生。

图2-20 首艘现代化海洋调查船"阿特兰蒂斯Ⅱ"号

我国第一艘海洋调查船为"金星"号(图2-21),是1956年由一艘远洋救生拖轮改装而成的,适用于浅海综合性调查。60年代开始,中国先后建造和引进了大批大、中、小型调查船。1960年,设计建成800 t的"气象1号",1978年11月建成4 000 t级海洋综合调查船"向阳红9号"(图2-22)。1979年,又建成1.3万 t的"向阳红10号"海洋调查船(图2-23),其航速20 kn(1 kn=1.852 km/h),设有24间实验室和研究室,可进行多学科综合考察。

图 2-21　我国第一艘海洋调查船"金星"号

图 2-22　向阳红 9 号

图 2-23　向阳红 10 号

　　"大洋一号"为中国第一艘现代化的综合性远洋科学考察船,也是我国远洋科学调查的主力船舶,可进行海洋水文物理、海洋气象、海洋化学、海洋地质地貌、海洋生物、海底锰矿等科学调查研究工作。图 2-24 所示为"大洋一号"及船上的现代化设备。

图 2-24　"大洋一号"及船上现代化设备

　　"雪龙"号是我国最大的极地考察船(图 2-25),也是目前我国唯一能在极地破冰前行的船只。"雪龙"号耐寒,能以 1.5 kn 航速连续冲破 1.2 m 厚的冰层(含 0.2 m 雪),主要执行赴南极、北极科学考察与补给运输任务。2010 年 8 月 6 日,"雪龙"号"轻松"打破了中国航海史最高纬度纪录——北纬 85 度 25 分。

图 2-25　中国"雪龙"号科考船

　　从 1994 年 10 月首次执行南极科考和物资补给运输起,"雪龙"号已先后 31 次赴南极,至 2014 年 7 月已 6 次赴北极执行科学考察与补给运输任务,足迹遍布五大洋,创下了中国航海史上多项新纪录。

2.1.3　海底监测平台海洋数据的获取

1) 海洋潜标平台的数据

海洋潜标系统是系泊于海面以下的可通过释放装置回收的单点锚定绷紧型海洋水下环境要素探测系统,主要用于深海测流和深层水文要素的监测,具有其他观测设备不可替代的功效,是海洋环境立体监测系统的重要组成部分。图 2-26 显示了一个即将部署到海洋中的潜标系统。

海洋潜标系统一般配置有声学多普勒海流剖面仪(acoustic Doppler current profiler, ADCP)、声学海流计、自容式温深测量仪和自容式温盐深测量仪(conductivity-temperature-depth system, CTD)及海洋环境噪声剖面测量仪等。该系统可用于对水下温度、盐度、海流、噪声等海洋环境要素进行长期、定点、连续、多测层同步剖面观测。由于海洋潜标系统具有观测时间长、隐蔽、测量不易受海面恶劣海况及人为船只破坏的影响等优点,广泛应用于海洋调查和科学研究。

图 2-26　潜标系统

潜标锚定于水下,可定点进行连续自记,并按指令定期上浮回收。

潜标技术是 20 世纪 50 年代初首先在美国发展起来的。随后,苏联、法国、日本、德国和加拿大等国也相继开展研究和应用。美国从 60 年代初到 80 年代初平均每年布设 50~70 套潜标系统。在墨西哥湾和西北太平洋的一些观测站,经常保持 20 套左右的潜标系统。美国海军从 70 年代初开始发展军用潜标系统,并且每年布放几十套,是海流剖面资料的最大用户之一。英国从 60 年代到 80 年代中期,共布放了 400 余套潜标系统。日本于 70 年代初开始研制和使用潜标系统,在每年两次南太平洋调查中,在两条主要的观测断面上,每次布放十几套测流潜标。另外,在各种重大的国际合作研究项目中,也常常布放大量的潜标系统。到 80 年代,国际上潜标系统已广泛应用于海洋调查、科学研究、军事活动、海洋开发等方面。

我国于 70 年代开始海洋潜标技术研究,比发达的海洋国家晚启动约 20 年。1982 年,国家海洋局立项研制千米测流潜标系统,首次观测到连续 15 天的南海某海域 900 m 深处的海流数据。1987 年,国家海洋局海洋技术研究所研究深海 4 000 m 测流潜标关键技术,在中日合作黑潮调查中,布放了四套潜标系统,成功回收了三套。随后又研制了 200 m 水深以内的浅海潜标系统,并在南海珠江口西部海域与资料浮标同步观测。20 世纪 90 年代以来,随着我国海洋科学研究、海洋综合利用和国防事业发展的需要,我国对海洋环境监测的力度不断加强,对海洋水下环境监测仪器设备的需求日益增加,海洋潜标系统在我国也逐渐得到了较广泛的应用。

图 2-27 美国 NOAA 海床基
海啸观测系统示意

2）海床基平台的数据

海床基观测，是将单台或多台仪器设备固定在海床上，一般放在海底被观测对象附近，组成观测系统，进行定点、长期观测，包括海底观测站、观测链和海底观测网，这些系统会产生大量的海洋观测数据。海床基观测系统可以实时监视海里的情况，还能为海下的科研探索提供方便的平台，同时对海洋灾害（如地震、海啸等）进行有效预警。

海床基观测系统，最初是在冷战时期受美国海军的水声监视系统启发。20 世纪 70 年代末期，海底观测系统开始步入海底环境监测的领域。在海底观测系统建设上，比较有代表性的有日本、美国、加拿大及欧洲部分国家和区域，图 2-27 显示了美国 NOAA 海床基海啸观测系统基本示意。

1978 年，日本在 ARENA 和 DONET 计划中，建造了第一个由海底电缆构成的海底实时观测系统（图 2-28），系统为沿日本海沟构造跨越板块边界的光缆连接观测网络。该系统用于地震、地球动力、海洋环流、可燃冰、水热、生物等研究，能实现实时监测地震以及伴随的海啸。在 20 世纪 90 年代日本建造了 6 个海底观测系统用作试验，多为科学节点，还不是海底观测网。

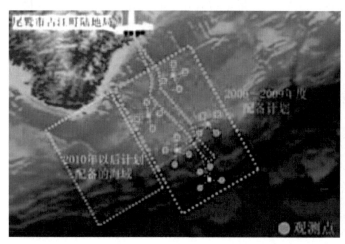

图 2-28 日本海底实时观测系统示意

美国在1996—1998年建立了水下生态系统观测网(LEO-15)、夏威夷水下地球天文观测站(HUGO)和夏威夷-2观测站(H2O)三个海底观测系统。

美国与加拿大在1998年启动"海王星(Neptune)计划",计划建设的主要目的是开展板块构造与地震、深海生态系统,以及海洋对气候、生态的影响研究。计划建立了33个观察中心,共铺设了3 000 km的光缆,布设的仪器观测设备主要包含潜标、CTD、ADCP、人工磁场海流计、波浪传感器、光源和相机、营养盐测量仪、地震仪以及遥控潜水器(remote-operated vehicle,ROV)、自治式潜水器(autonomous underwater vehicle,AUV)、漫游机器人(ROVER)等,图2-29显示了该项目计划的观测节点的布放情况。

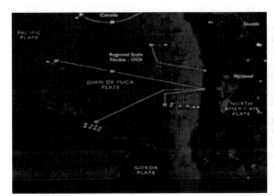

图2-29 美国、加拿大的"海王星计划"布放观测节点示意

2004年,英国、德国、法国制定了欧洲海底观测网计划(European Sea floor Observatory Network,ESONET),该计划与海底"海王星计划"类似,主要目的是开展长期战略性海底监测,系统在大西洋与地中海精选10个海区建立观测网,不同海区的网络系统组成一个联合体,共使用了5 000 km的海底电缆,该系统的示意如图2-30所示。

图2-30 欧洲ESONET系统示意

图 2 - 31　我国自行研制的海床基观测系统

ESONET 承担一系列海洋与地球科学研究项目,诸如评估挪威海海冰的变化对水循环的影响、监视北大西洋的生物多样性、监视地中海的地震活动等[10]。

我国在海底观测系统上做了一定的研究,图 2 - 31 所示是我国自行研制的海床基观测系统,该系统可观测海流剖面、潮位、波浪、盐度、温度等环境参数,最大布放深度100 m,水声通信,经水面浮标和卫星通信转发至岸站。

随着传感器技术、互联网技术、机器人技术和海底光纤电缆技术等相关技术的快速发展,海底观测系统也开始向多学科节点、多功能的长期海底观测网络转变。

2.1.4　历史海洋数据

长期以来,研究者在对海洋进行开发和研究的项目中积累了大量的历史数据,这些数据涉及的面比较广,数据类型也比较复杂,这些数据基本采用纸质为主要载体。总体上可以分为两大类:文本数据和海图数据。

1) 历史文本数据

海洋历史文本数据主要包括长期以来通过手工填写在纸质介质上的数据。另外一种历史数据是存放在一些零碎的大量文件上的数据,这些文件格式常见的有文本数据、电子表格数据等。这些历史数据在项目的研发过程中被整理和数字化到数据库中,也是海洋大数据的一个组成部分。

2) 历史海图数据

海图是地图的一种,是以表示海洋区域制图现象的一种地图。海图根据其媒介可以分为纸质海图和电子海图,电子海图又可划分为矢量化海图和光栅扫描海图[11]。早期由于信息化水平落后,海图数据多以纸质海图存在,随着计算机技术和航海技术的发展,越来越多原先的历史海图,特别是被重点关注的、小比例尺的海图被数字化。我国作为一个航海大国,发展制作电子海图并推广应用是海道测量组织努力的目标。

2.1.5 社会经济数据的收集与归档

我国是一个海洋资源丰富的国家,按照《联合国海洋法公约》的有关规定,我国享有主权和管辖权的海洋国土面积约 300 万 km²,这是我国国土资源的主要组成部分。海洋中包含许多资源,如海洋渔业资源和海洋盐业及海水资源等[12-18]。

2.2 海洋数据的特征

随着海洋数据获取技术的更新和获取手段的增多,数据获取的速度及精度在不断提高,导致海洋数据的数据量越来越大,呈现海量性特征;海洋数据的获取手段多样化,使得海洋数据的类型多样化,观测要素多元化,故海洋数据呈现多类性特征;同时,海洋数据是一类典型的空间数据,其在空间域上呈现了空间相关性和异质性的特征,在时间域存在时效性特征;而海洋作为国家战略和经济关注热点,其海洋数据具有不同的安全性等级。海洋数据的海量性、多类性、异质性、时效性以及安全性特征,使得海洋数据成为大数据的典范。

2.2.1 海洋数据的海量性

空天地底海洋立体观测网的建立,使得海洋数据的"量"呈几何级数增长,而遥感和浮标成为海洋数据"量"急剧增长的主要观测手段。

1) 遥感观测数据

截至 2012 年,全球已经发射了 40 多颗海洋卫星,按照其观测内容的不同主要有三类:

(1) 用于探测海洋水色要素,监测海洋环境变化及全球碳循环研究的海洋水色卫星,如 Terra、Aqua 和 AMSE 等卫星。

(2) 用于获取海面高度或冰盖高度、有效波高、海面地形和粗糙度等参数,反演大洋环流、潮汐、海浪、海表面风等动力参数信息的海洋地形卫星,如 Topex/Poseidon、Jason-1/2 和 ICESat 等卫星。

(3) 用于探测海面风速和风向、表面海流和平均波高等动力参数的海洋动力环境卫星,如 ERS-1/2、Envisat、HY-2 等卫星。

海洋卫星遥感的原始数据量巨大,同时获取数据的成本和代价高昂。

中国首颗海洋卫星 HY-1A 发射于 2002 年,是一颗三轴稳定的准太阳同步轨道试验型应用卫星,用于探测海洋水色水温,评估渔场,预报鱼汛,监测海洋污染、河口泥沙、海岸带生态和冰情等。2007年发射HY-1B海洋水色卫星。2011年发射HY-2海洋卫星,周期为104.50 min,主要监测海洋动力环境,获得包括海面风场、海面高度场、有效波高、海洋重力场、大洋环流和海表温度场等重要海况参数。2019年预计发射HY-3海洋卫星。计划在2020年前我国将发射8颗海洋系列卫星,包括4颗海洋水色卫星、2颗海洋动力环境卫星和2颗海陆雷达卫星。

目前,我国卫星数据接收站能接收我国HY-1系列卫星、FY-1系列卫星、FY-2系列卫星,美国NOAA系列卫星、SeaWiFS卫星、EOS/MODIS卫星以及日本MTSAT系列卫星等的遥感数据。这些卫星遥感数据经处理后,可以提供诸如海温、海冰(包括极地海冰)、海洋水色、海洋污染、海上台风、海雾以及海岸带动态监测等所需的高精度海洋遥感应用产品,用于海洋环境监测、海洋灾害监测、海洋环境数值预报、海洋科学研究等不同领域。此外,中国科学院中国遥感卫星地面站接收的加拿大RadarSat-1/2卫星SAR数据和欧洲太空局Envisat卫星ASAR数据也已用于我国的海上溢油监测。

2) 浮标观测数据

浮标是应用广泛的一种海洋数据获取手段,能够实现对海洋环境要素和大气环境参数的连续、实时数据采集,观测结果具有较高的精度,美国国家资料浮标中心拥有1 042个观测平台的观测数据,其中758个能够提供实时资料。1998年,美国等国家的大气、海洋科学家提出了"ARGO全球海洋观测网计划"。该计划构想2000—2004年在全球大洋每隔3个经纬度布设一个ARGO剖面浮标,共计3 000个,每个浮标每隔10天发送一组取自2 000 m到海面的温度和盐度剖面资料,实现了长期、自动、实时和连续获取大范围、深层海洋资料,旨在快速、准确、大范围地收集全球海洋上层的海水温度、盐度剖面资料,以提高气候预报的精度,有效防御全球日益严重的气候灾害给人类造成的威胁。

在过去的20年间,由美国、澳大利亚等30多个沿海国家布放的约8 500个ARGO浮标所组成的全球ARGO实时海洋观测网,首次实现了真正意义上的对全球海洋上层温度、盐度和海流的实时观测。截至2015年3月,全球海域正在工作的ARGO浮标有3 825个。我国的海洋浮标研究起步于20世纪60年代,代表性成果是HFB-1型海洋水文气象浮标。2002年初我国正式加入国际ARGO计划,并成立中国ARGO实时资料中心,承担中国ARGO浮标的布放、实时资料的接收和处理、资料质量控制技术/方法的研究与开发等。2012年,中国第五次北极科考队在挪威海布放了中国首个极地大型海洋观测浮标,这是我国首次将自主研发的浮标和观测技术推广到北极海域,并利用大型浮标对海气相互作用进行连续观测。

2.2.2 海洋数据的多类性

由于海洋观测手段的多样化,导致海洋数据的类型多样化,见表2-1。

表 2-1　海洋数据类型和数据格式

观测要素分类	属 性	数 据 类 型		举 例	数 据 格 式
海洋遥感数据	经度	DECIMAL(9, 6)		112.985 623	影像数据：img 格式、tif 格式、bmp 格式 属性数据：txt 格式、csv 格式 矢量数据：shape 格式、sde 格式 图片资料：img 格式、png 格式
	纬度	DECIMAL(8, 6)		39.783 621	
	时间	NUMBER(8)		20070924	
		String(10)		2007/09/24	
		年	NUMBER(4)	2007	
		月	NUMBER(2)	09	
		日	NUMBER(2)	24	
海洋水文数据	水温	DECIMAL(4, 2)		13.83℃	文本文件：word 格式、txt 格式 影像数据：tif 格式、jpg 格式 属性数据：mdb 格式、txt 格式、netcdf 格式、xbt 格式、ctd 格式
	潮高	NUMBER(4)		110 cm	
	潮时	NUMBER(4)		14 时	
	盐度	DECIMAL(3, 1)		12.5 mg/L	
	波数	NUMBER(3)		120 个	
	波高	DECIMAL(3, 1)		12.2 m	
	水深	DECIMAL(3, 1)		13.2 m	
	透明度	DECIMAL(3, 2)		13.2 m	
海洋气象数据	能见度	NUMBER(5)		100 m	影像数据：tif 格式、png 格式、bmp 格式 属性数据：csv 格式、txt 格式、excel 格式、cnv 格式
	风速	DECIMAL(3, 1)		3.1 m/s	
	风向	String(5)		8°	
	气温	DECIMAL(4, 2)		25℃	
	降水量	DECIMAL(4, 1)		110.3 mm	
海洋化学数据	溶解氧	DECIMAL(8, 6)		12.56 mg/L	属性数据：excel 格式、word 格式、mdb 格式、csv 格式、xml 格式
	pH 值	DECIMAL(3, 2)		6.32	
	硫化物	DECIMAL(8, 6)		13.2 mg/L	
	硝酸盐	DECIMAL(8, 6)		14.6 mg/L	
	亚硝酸盐	DECIMAL(8, 6)		12.5 mg/L	
	活性磷酸盐	DECIMAL(8, 6)		18.4 mg/L	
	石油类	DECIMAL(8, 6)		54.3 mg/L	
	叶绿素 a	DECIMAL(8, 6)		19.3 μg/L	
	汞	DECIMAL(8, 6)		54.3 mg/kg	

（续表）

观测要素分类	属 性	数 据 类 型	举 例	数 据 格 式
海洋生物数据	海域面积	DECIMAL(8, 4)	12 km²	属性数据：csv 格式、mdb 格式、dmp 格式
	生物量	DECIMAL(8, 3)	215.2 mg/m³	
	总种数	NUMBER(10)	43 种	
	总个体数	NUMBER(10)	21 个/m³	
	数量	NUMBER(10)	214 个/m³	
	密度	NUMBER(10)	13 个/m²	
	质量	DECIMAL(3, 2)	12.23 g	
	细胞数量	NUMBER(10)	163 个/m²	
	采样深度	DECIMAL(4, 2)	21.21 m	

不同的观测手段其观测要素有所侧重，但各观测手段之间观测要素有重复现象存在。由于其观测手段不同、观测周期不同，同一要素也表现出不同的类型。通过查阅相关文献资料，将海洋数据的观测要素按照观测平台归纳于表 2-2。

表 2-2　海洋数据观测体系、监测技术和监测要素

观测体系	监 测 技 术		监 测 要 素
天基观测	卫星遥感	MODIS(周期：1～2 天更新一次)	大气温度、云、陆地、叶绿素、植被测绘、湿度、气溶胶、海洋表面温度、水中沉积物、变化探测
		SAR 数据	风场、海浪、海冰、流场、海水污染、海岸带变迁
	海洋遥感		海温、叶绿素、悬沙、透明度、赤潮、溢油
空基观测	航空遥感(飞机、飞艇、高空气球、热气球)		海冰(冬季)、溢油、赤潮(应急需要)
岸基/平台基观测	海洋站观测系统(观测方式：正点观测、整点观测、每分钟观测)	海洋水文要素	潮位、水温、波浪、盐度、水色(浴场)、透明度(浴场)
		海洋气象要素	湿度、气温、气压、降水量、雪、雾、霜、风速、风向
	岸基雷达观测系统	岸基 X 波段雷达(时间间隔：小于 10 min)	主要波浪(10 min)
		岸基地波雷达(时间间隔：10 min 到 1 h 不等)	波浪、风场、流场
	海上平台观测系统	海上石油平台，无人值守自动化观测平台，浮标、ADCP，温度、压力和湿度传感器(观测方式：正点观测、整点观测、每分钟观测)	温度、波浪、盐度、风速、气压、辐射、海气通量、水位、气温、能见度、风向、相对湿度、水温、剖面流速、流向、pH 值、DO、浊度、叶绿素 a

(续表)

观测体系	监测技术	监测要素		
海基调查与观测	波浪浮标	锚定浮标	主测波浪(频率:3 min 一次)	
	水质浮标(采集频率:30 min 一次)	营养盐、pH 值、盐度、溶解氧		
船基调查与观测	海洋调查船	海洋水文	水色、温度、海流、波浪、海冰、盐度	
		海面气象	空气温度和湿度、气压、能见度	
			天气现象	冻结物、光、声、电、干悬浮物、海面的降水、水汽凝结物(云除外)
			风	风向、风速
			云	云状、云量、云高
		海洋化学	溶解氧、COD、硝酸盐、pH 值、铵盐	
		海洋生物(逐月、季度调查)	浮游生物、植物、叶绿素	
		海洋底质与悬浮体	pH 值、石油类、重金属(铜锌铅镉汞)、有机物	
		地球物理	海水深度、海底地形、地貌、地磁、重力、前地层剖面	
		海洋物理	海洋声学要素	海洋环境噪声、海水声速、海洋中声能传播损失、海底声特性
			海洋光学要素	固有光学特性、表面光学特性、水下辐照度
	船舶监测(监测周期:每年1~2次)	水文要素	温度、潮流、冰、波浪	
		气象要素	云、能见度、温度、湿度、压力	
		化学要素	氯度、溶解氧、硝酸盐、亚硝酸盐、氯化物、总碱度、pH 值、活性磷酸盐、铵盐、活性硅酸盐	
		污染要素	重金属、污染物含量	

由表 2-1 和表 2-2 可以看出,同一类观测要素有多类观测手段,且其观测周期不同;同一观测手段可以观测多类不同的观测要素。海洋数据常见的类型有海洋遥感数据、海洋水温数据、海洋气象数据、海洋化学数据以及海洋生物数据等。每种海洋数据又包括多种

属性元素和数据格式,以海洋化学数据为例,其包含溶解氧、pH 值、总碱度、活性磷、活性硅酸盐、酸盐、硝酸盐、亚硝酸盐、硫化物、有机污染物、重金属、营养元素等多种属性元素,其属性数据又分为多种格式,如 excel 格式、mdb 格式、csv 格式、xml 格式等。可见海洋数据的属性元素种类繁多、格式多样,并且彼此之间相互依赖、相互影响,共同决定着数据质量的优劣。

此外,对于同一种属性元素的数据信息而言,也可能来源于不同的监测仪器,因此所采集数据的格式和标准也会有所不同,以海洋数据时间属性为例,可能会有表 2-3 所列三种数据格式。

表 2-3　时间属性元素的三种不同数据格式

属　性　名	数　据　格　式		例　　子
时间		NUMBER(8)	20140619
		String(10)	2014/06/19
	年	NUMBER(4)	2014
	月	NUMBER(2)	06
	日	NUMBER(2)	19

◇参◇考◇文◇献◇

[1]　路晓庆.我国卫星海洋遥感监测[J].海洋预报,2008,25(4):85-89.

[2]　刘长东.海洋多源数据获取及基于多源数据的海域管理信息系统[D].青岛:中国海洋大学,2008.

[3]　苏成.海洋信息技术漫谈(演讲)[R].2013.

[4]　国家航天局.海洋卫星应用成果——在海洋赤潮监测和预警方面[R].2015.

[5]　尹尽勇,徐晶,曹越男,等.我国海洋气象预报业务现状与发展[J].气象科技进展,2012,2(6):17-26.

[6]　康寿岭.海洋台站自动观测系统[J].海洋技术,1995,14(3):69-75.

[7]　李立立.基于海洋台站和浮标的近海海洋观测系统现状与发展研究[D].青岛:中国海洋大学,2010.

[8]　日本海洋学数据中心.Japan Oceanographic Data Center [M].2014.

[9]　徐兴安,吴雄斌,沈志奔,等.高频地波雷达中断信号恢复方法研究[J].电波科学学报,2014,29(4):758-762.

［10］ 高艳波,李慧青,柴玉萍,等.深海高技术发展现状及趋势［J］.海洋技术,2010,29(3)：119－124.

［11］ 刘灿由.电子海图云服务关键技术研究与实践［D］.郑州：解放军信息工程大学,2013.

［12］ 季民,靳奉祥,李婷,等.海洋多维数据仓库构建研究［J］.海洋学报,2009,31(6)：48－53.

［13］ 中国水产学会.中国渔业数据收集系统回顾［J］.第二届粮农组织(FAO)/中国渔业统计研讨会,云南,2006.

［14］ 胡红江.中国海洋盐业现状、发展趋势以及面临的挑战［J］.海洋经济,2012,2(4)：35－39.

［15］ 胡红江.振兴海洋盐业 发展海洋化工 促进海洋经济发展［J］.海洋经济,2011,1(1)：12－15.

［16］ 国家基础地理信息中心.遥感影像成果［J］.http：//ngcc.sbsm.gov.cn/article/sjcg/ygyhksj/,2014.

［17］ 国家航天局.海洋卫星应用成果——在海洋赤潮监测和预警方面［EB/OL］.http：//www.cnsa.gov.cn/n1081/n7649/n7800/n7815/46309html,2015.

［18］ 李立.南海中尺度海洋现象研究概述［J］.台湾海峡,2002,21(2)：265－272.

第3章

海洋大数据分类

　　数据分类是数据共享和数据选择的依据。常用的数据分类,主要从数据特征、存储方式和专业领域三个角度[1],采用层次分类和面状分类[2]两种方法进行。按若干数据特征和专业领域,依序逐层进行划分,属于层次分类法;而从存储方式的角度划分数据,采用的是面状分类法。一般大数据的分类[1]也按这三个角度两个方法进行。

　　海洋大数据作为一个特殊的大数据领域,其不同数据在采集方式上具有显著差异,较大程度上会影响数据的选择和应用。为此,综合参考对数字工程数据[1]、海洋信息[2]、海洋综合管理数据[3]和海洋环境[4]的分类方法,从数据采集方式[5]的角度,尝试对海洋大数据类别进行描述。

　　海洋大数据的产生方式,也可分为被动产生、主动和自动产生[5]。其中,被动产生数据主要来自海洋和海岸带管理;而主动和自动产生数据主要来自海洋调查、监测和科学实验,它们构成海洋大数据的主体。

3.1　被动产生的海洋大数据

　　被动产生的海洋大数据是指在常规海洋管理和海岸带综合管理以及其他社会经济管理部门等的业务数据中的涉海部分。不同管理部门和业务所产生的数据在内容、存储格式上差异较大,使该类大数据体现了数据内容和存储方式上的显著性。

3.1.1　海域使用管理数据

　　海域使用,是指在内水、领海持续使用特定海域 3 个月以上的排他性用海活动,国家海洋局 2002 年颁发的《海籍调查规程》规定,海域使用分类以海域用途为主要依据,根据海域用途的差异,海域使用分为 9 个一级类和 25 个二级类。

　　海域使用管理,是指海域使用管理部门为了保护海洋资源和生态环境,确保海域资源的科学、合理利用而对海域使用采取的控制管理行为。很长一段时间,我国各涉海部门相对独立地开展包括海洋功能区划、海域使用规划、海域使用管理等在内的海域使用管理工作。我国海域使用管理的主体为全国及省级人大,国务院海洋行政主管部门以及沿海省、县级以上地方政府。海域使用管理的工作内容包括:法律法规的制定,海洋功能区划与海域使用规划的制定,海域使用审批和管理等[6]。

　　海域使用管理的实施形式为[7]:全国及省级人大制定全国及地方的海域使用管理性

法律法规;国务院海洋行政主管部门以及沿海、省县级以上地方政府组织编制并监督全国与地方的海洋功能区划,监督项目用海审批,包括海域界定,协调利益和服务,海域使用论证、监督;各产业部门(海洋行政与渔业行政主管部门)对其相应产业进行监督与管理。

按照海域使用管理的工作内容,海域使用管理的数据可分为海域使用管理法规与技术规范、海洋功能区划数据、海域使用规划数据、海域使用现状调查数据、海域使用管理数据、海域使用统计与评价数据等。

1) 海域使用管理法规与技术规范

为从法律和技术规范方面保证我国海域使用管理的开展,我国于 2001 年发布《中华人民共和国海域使用管理法》;国家海洋局则针对海洋功能区划、海域使用权审批、使用证书和使用金管理等多方面,陆续出台《海洋功能区划管理规定》《海域使用权管理规定》《关于进一步规范海域使用项目审批工作的意见》《海域使用管理违法违纪行为处分规定》等多个法规,以及《海域使用分类》《海域使用论证技术导则》《海域使用权登记办法》《海域使用权证书管理办法》《海籍调查规范》等多个技术规范;各沿海省、市及县级政府与涉海部门还出台了相应的海域使用管理细则,如《浙江省海砂区海域使用调查规范》等,为我国建立起了较为齐全的海域使用管理法规和技术规范。

2) 海洋功能区划数据

海洋功能区划[8-10],是以合理利用海洋资源和保护海洋环境,规避资源利用与环境保护矛盾,解决各涉海行业之间的用海矛盾为目的,依据海区、海域和相邻陆域的自然与社会经济特征,制定海洋功能分类和海域使用方式分类,形成相应功能区划图和使用规划图,从而分别从宏观上和微观上提供各级政府监督管理海域使用和海洋环境保护的依据。海洋功能区划由相应政府组织完成,并监督其实施。

我国从 1989 年开始第 1 次全国海洋功能区划工作,1997 年国家技术监督局发布《海洋功能区划技术导则》(GB 17108—1997),国务院于 2002 年 8 月批准了《全国海洋功能区划》,在此基础上,制定《全国海洋功能区划(2011—2020 年)》,以此为指导,沿海省市和市县级海洋功能区划已陆续制定和实施。

海洋功能区划产生的数据包括区划依据和区划结果两部分。海洋功能区划依据中,属性数据包括对海洋开发与保护状况,包括海域和海洋资源、海域管理与环境保护状况、面临的形势,海洋功能区划的指导思想、基本原则和主要目标等文字描述;空间数据包括海区利用现状调查统计以及环境质量评价等产生的空间分布。海洋功能区划结果中,空间数据包括海洋功能分区的空间分布;属性数据包括对海洋功能分区的一级和二级用海功能要求说明,与功能开发配套环境保护要求和功能区划实施保障措施等的文字描述。

3）海域使用规划数据

海域使用规划[11]，是海域所在政府部门按照合理配置海域资源和可持续发展的原则，以海洋功能区划为蓝本，对海域资源开发利用和生态环境治理保护进行统一规划。海域使用规划一经发布，相关海岸线和海域的利用将按规划进行。

我国沿海各市、县的海域使用规划，是当地政府按照所在辖区的海域自然条件、自然资源、社会经济发展现状、辖区总体发展规划、海洋功能区划等，对海域使用方式进行设定，规划期一般为 5 年。

海域使用规划的主要数据为规划依据和规划结果两部分[11]。海域规划依据数据中，属性数据包括规划指导思想、规划目标和原则、规划依据、范围和时限，以及对各个功能区的自然条件、自然资源、社会和经济属性、海域和海岸线使用现状等的分析与评价等的定性描述；空间数据包括海域使用现状图、岸线利用图、现状图。海域规划结果数据中，属性数据包括海域使用一级和二级分类体系及其含义、岸线和海域使用规划的空间布局描述、规划区域利用方式的明确要求、不同海域使用规划类别的时序安排、生态和环境保护措施、规划实施的措施和建议等；空间数据包括海域使用规划图、岸线使用规划图、重点海域使用区域图。

4）海域使用现状调查数据

我国可管辖海域辽阔，大规模的海域资源开发已影响海洋资源的健康和可持续利用，这迫切需要对海域使用进行有效的动态检测和管理，防治海域使用中的"无序、无度和无偿"[12]。《中华人民共和国海域使用管理法》将海域使用动态监视监测确立为一项重要内容，也是海洋管理部门加强海域使用管理的重要手段。

海域使用现状调查，是由国家及地方海域使用主管部门组织，采用综合利用遥感、视频定点监控、动态监测仪、人力踏勘等多种数据采集手段，通过发现用海异常区，定位与核查匿名举报，对海域使用现状的用海类型、用海面积、大型工程的施工进展情况等进行监测，对海域使用现场进行检验与核查等[13]，及时掌握违规违法用海信息及围海造田等用海工程的施工进度，为现有用海的及时管理、目标用海项目的可行性评估以及新一轮海洋规划和海域使用规划等提供依据。

2010 年国家海洋局东海分局组织编制并下发的《填海项目海域使用动态监测技术规程》，规定了海域使用动态监测内容、监测范围、监测技术方法和监测报告编写等。林同勇[14]结合《填海项目海域使用动态监测技术规程》和福建南部海域围填海项目海域使用动态监视监测的工作经验，将海域使用动态监测总结为六个部分：海域现状监视监测、施工动态监视监测、海洋功能区监视监测、用海权属监视监测、用海风险监视监测以及管理对策监视监测等。

海域使用现状调查工作需大量的人力与资金投入。由国家"908"专项的海域使用现状调查[15,16]，对海域使用现状进行了系统全面的调查，沿海省、市政府部门也根据海域使用监管的具体需要,采用相应策略,对所辖海域的使用现状开展了调查跟踪[17];而沿海县市还单纯从海籍管理的角度,通过建立和应用海域使用动态监测 GPS 控制网系统[18]与网络 RTK[19],有针对性地实现对用海项目空间信息的快速采集和管理。

海域使用现状调查主要采用遥感、定点视频观测和人力踏勘调访等方式,分别获得海域使用现状、海域自然属性、社会经济状况三个方面[20,21]的数据。其中,海域使用现状动态调查数据包括通过遥感和地面监测、水下监测与踏勘获得的遥感影像、现场音频、视频和现场调查记录,以及从中提取的已确权开发海域的面积、位置及其变化、权属、期限和变更情况;海洋工程与海底电缆等的运行状况;已确权在建项目用海位置、面积、用途;海洋功能区划的执行情况;突发事件位置与影响;违规用海的位置和面积等。

海域自然属性数据包括结合遥感、地面踏勘和评估分析所获得的岸线类型、分布及其变化、长度;各类岸滩位置与面积;河口、海湾等的位置、形态、面积、开阔度;海岛数目、面积、植被覆盖情况;填海工程前后动力及泥沙变化情况分析(潮流、泥沙调查及冲淤验证分析);海域环境质量状况影响分析(海水、沉积物及生物生态影响分析);海底的水下地形测量结果及地形变化分析等。

社会经济与服务数据包括现场调查和评估分析所获得的各类海洋产业产值、从业人数、宗海价格;用海风险的评估;海域使用监测评价结果的年报、季报,用海风险的应急预案,通过网络、新闻媒体发布的相关服务数据等。

5) 海域使用管理数据

海域使用管理,是指海域使用管理部门为了保护海洋资源和生态环境、确保海域资源的科学、合理利用,而对持续使用特定海域 3 个月以上的排他性用海活动所采取的控制行为。海域使用管理的依据是海洋功能区划[22]。

海域使用管理的主体是省、市及县级海洋与渔业主管部门,工作内容包括海域使用论证,海域使用审批,海域使用监管,海域使用权、海域使用金和临时海的管理等[23]。其中,海域使用论证是对建设用海、海造陆和陆造海等用海计划进行可行性论证;海域使用审批是对宗海申请进行审核、确权;海域使用权管理是为宗海使用权价值评估、拍卖、出让、转让、出租、抵押、补偿、入股和工商登记等方面提供支撑[24,25];海域使用金管理主要是海域使用金征收。

海域使用管理的属性数据主要包括所在海域的海洋功能区划和规划的利用方式描述;各个法规与技术规程;海域使用权申请报告、审核报告、确权文档、年审报告、使用权变更报告、使用金收取记录等。海域使用管理的空间数据主要包括海洋功能区划、海域使用规划图、宗海界址图、海岸线分布图等。

6) 海域使用统计与评价数据

按照《中华人民共和国海域使用管理法》规定,海域使用统计是国家对海域面积、分布、使用状况和权属情况等，定期进行的调查、汇总、统计分析和提供统计数据、资料。

海域使用统计与评价，是采用特定的统计分析方法，如总量指标分析法、相对指标分析法、平衡分析法、图示法[26]、单因素或多因素方法[27]，对海域的数量、质量、分布、权属、利用状况、动态变化的调查及管理工作所得原始数据的分析和预测的全过程[26]，为海域使用管理决策提供依据。

按照评价内容分为海域使用现状评价、海洋功能区划评价、海洋经济评价、海域空间资源评价和海洋环境地质灾害评价五个方面[27]，各个评价工作的指标体系是评价的结果数据。

(1) 海域使用现状评价[27]。评价海域的开发强度、开发潜力以及开发的秩序性，以及各类型用海面积及用海总面积，并做出未来 5～10 年的趋势性预测，为优化产业结构、制定海域开发利用战略等提供依据。主要包括：已开发海域面积、未开发海域面积、新增用海面积、围填海岸线长度及占用海域面积、海洋经济总产值、海洋产业从业人数、空间相邻功能相斥的用海项目数和用海面积、废置海域使用项目数和海域面积以及其他社会经济指标等；各类型用海面积及占用岸线长度、新增用海面积及占用岸线长度、终止用海项目数量及占用海域面积、续期用海项目及占用海域面积、废置用海项目数量及占用海域面积等。

(2) 海洋功能区划评价。重点掌握功能区开发规模、功能区质量变化、对毗邻功能区的影响程度以及不符合功能区划用海的面积和数量等，以获得功能区划的执行情况[27]。具体数据为 10 个大类 32 个子类的面积，违反功能用海的项目数量、功能区划的修改情况等。

(3) 海洋经济评价。根据各类海域开发面积、从业人员及经济总产值等，对海域使用的经济状况及未来发展进行评估和预测，为产业结构调整、重大问题解决等提供依据[27]。具体数据为总产值、各类海洋产业产值、社会经济总产值、海域资源占用量等。

(4) 海域空间资源评价。包括对岸线资源、海湾资源、滨海湿地、砂质资源、海岛等资源的范围、面积、应用状况、经济及生态价值等进行评价。具体数据包括：岸线长度与空间位置变化、海岛数量与面积、海湾面积与开阔度、滨海湿地位置与面积及其变化。

(5) 海洋环境地质灾害评价。对海岸侵蚀、海水入侵等的发生时间、位置和影响范围及损失等进行评价，并预警预报。具体数据包括：岸线侵蚀速度与海水入侵面积等。

3.1.2　海洋环境管理数据

海洋环境管理作为公共管理的一部分，是以政府为主，海洋立法机关、海洋执法机关、私营部门、第三部门和公众等涉海组织共同参与，为协调社会发展与海洋环境的关系、保持海洋环境的自然平衡和持续利用，综合应用行政、法律、经济、科学技术和国际合作等手段，依法对影响海洋环境的各种行为进行的调节和控制活动[28,29]。

海洋环境管理的具体内容为[30,31]：海洋环境规划管理、海洋环境质量管理、海洋环境技术管理等。

（1）海洋环境规划管理。划定近岸海域环境功能区，配合沿海地区城市、港口、工农业、养殖业、旅游等开发建设规划，制定人口控制、沿海城市及工业污染控制、沿岸水域水质控制及大洋水质控制等规划。

（2）海洋环境质量管理。组织制定并监督执行海洋环境质量标准和污染物排放标准；组织并开展海洋环境污染调查、监测、监视，对海水水质分类管理，控制陆源、海岸工程建设项目、海洋工程建设项目、海上船舶、海洋倾废等污染源对海洋环境的污染损害；进行环境质量现状和影响预测评价。

（3）海洋环境技术管理（预测与预报）。研究和制定海洋环境污染防治的技术政策和措施，确定海洋环境科学的研究方向；组织海洋环境保护咨询服务、情报服务和海洋环境科学技术交流。

1972 年，我国开展了第一次黄渤海污染调查，随后开始成立"全国海洋环境监测网"及"区网"，开始了海洋环境监测工作，监测范围从河口扩大到近岸，监测对象从水质扩大到底质、生物和大气[32]；沿海省市相继成立了环境监测总站，承担所辖区域近岸海域生态环境监测、海洋污染事故的调查鉴定以及海洋和海岸工程建设项目对海洋环境影响的评估等工作。

海洋环境管理数据包括政策法规类数据、环境基本情况信息、环境突发事件信息三个方面。其中，政策法规类数据包括涉海法律、行政法规、海洋发展规划及涉海地方政府制定的法规规章等；海洋环境基本情况信息包括各海域海洋水体的质量状况信息、海洋环境监测信息、海洋环境灾害预报警报信息等；海洋环境突发事件信息包括海上石油勘探开发溢油，海上船舶、港口污染事件，陆源排污，海洋倾废，危险化学品泄漏和大规模暴发的赤潮、浒苔，以及近海企业污染物排放信息，有害物质的使用、有害产品的制造等方面的信息[33]。

3.1.3　海岸带综合管理数据

海岸带位于海洋与陆地交界地带，易发各种自然灾害，聚集全球约 2/3 的人口，使其成为经济繁荣而环境负面效应显现的区域，因此科学有效的管理是海岸带可持续发展的保障[34]。

作为新兴的管理领域和海洋管理中的重要部分，海岸带管理的概念、范畴、范围，海岸带管理的目的、任务、内容的确定以及海岸带管理的技术、模型和体制等仍处在发展阶段[34]。1991 年联合国环境与发展大会[35]将海岸带管理定义为通过跨学科间相互协调，确定和解决沿海区域内问题。Biliana Cicin - Sain 和 Robert W. Knecht 教授（美国特拉华州大学，1998 年）将其定义为在保持连续和有力的程序下，对持续利用、发展和保护沿海资源的决定。

海岸带是一个复杂的社会经济系统，海岸带管理不能再是任何传统的分散的方式，而应从管理的主体到管理的内容都是综合的，是传统海洋管理的有效加强、综合和技术提升，应该由海洋主管部门发起，多利益主体共同参与[36-38]。目前，拥有完整意义的国家海岸带综合管理框架的国家和地区并不多,管理方式也处于从职能分散方式向海岸带综合管理方式过渡[34,39]。

我国从 20 世纪 90 年代开始开展海岸带管理[39],并参与一些国际海岸带管理项目,其中,由联合国开发计划署援助实施的"南中国海北部海岸带综合管理能力建设项目"的完成,标志着我国海岸带的管理与国际先进手段接轨。但我国还没有统一的海岸带管理职能或协调机构[39],海岸带管理任务分散在国家相关部门与地方政府,目前参与海岸带管理的包括国家海洋局、交通运输部、农业部、海关、国家卫生和计划生育委员会、海军。我国沿海地方政府则已开始强化海岸带管理能力,通过跨部门和机构间的协调以及参与全球性和区域性的重大海岸带管理合作项目,实施所辖区域的海岸带管理。其中,厦门的海岸带综合管理被看作成功的管理模式,其不仅有效解决了海岸带资源开发矛盾,还通过外业调查、资料分析、资源环境评价等获得了大量数据[40,41]。

作为一项比任何传统的海洋管理更为复杂的系统工程,海岸带管理的工作领域[37,42]至少包括以下方面的决策与管理:

(1)海岸带管理法规与规划。包括海岸带管理政策与法规的制定与调整,海岸带利用的形态规划、功能规划和年度计划,海岸带的经济布局和发展战略。

(2)海岸带动态监控。包括对海岸带动力、环境和生态的基本情况,岸线侵蚀,灾害,工程运行状况,土地利用现状,各种经济活动等的动态监测与统计评价。

(3)海岸带管理。包括海域与土地利用管理,海洋工程建设管理,海洋环境与生态和生物多样性保护管理,海洋动力与环境灾害的防灾减灾管理等。

海岸带数据是海岸带管理和辅助决策的基础,相应信息需具备空间性、统一性、时效性、多元性、持续性和全面性的特点[43]。其中空间数据为海岸带管理空间基准,以及在此基准下的陆域宗地图、房产图测绘,海域的岸线图、宗海图、海籍界址点等专题地图。属性数据包括法律法规、海洋功能区划和海域使用区划文字描述,海岸带环境与突发事件动态监测专题属性数据,以及海岸带管理的论证、审查、报批文档,评价指标体系和评价结果等。

3.2　主动产生的海洋大数据

无线传感器网络是由大量部署在一定区域内、具有无线通信与计算能力的微小传感器节点通过自组织方式构成的能根据环境自主完成指定任务的分布式智能化网络系统[44,45]。传感器网络综合了传感器技术、嵌入式计算技术、现代网络及无线通信技术、分布式信息处理技术等,能够通过各类集成化的微型传感器协作实时监测、感知和采集各种环境或监测对象的信息,通过嵌入式系统对信息进行处理,并通过随机自组织无线通信网络以多跳中继方式将所感知信息传送到用户终端。

如图 3-1 所示,一般可以将传感器节点分解为传感器模块、处理器模块、无线通信模块、电源模块和增强功能模块五个组成部分,其中增强功能模块为可选配置。一般由这些传感器节点组成的传感器网络的网络拓扑结构如图 3-2 所示。

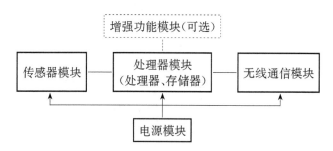

图 3-1 传感器网络中传感器节点的系统组成

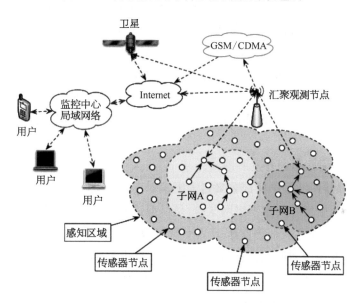

图 3-2 无线传感器网络的网络拓扑示意

1）海洋监测传感器网络

海洋监测传感器网络是无线传感器网络在海洋中的延伸,是指部署在极其复杂可变的海洋环境中,结合无线通信技术、网络技术和信息处理技术,对海洋环境要素进行实时监测的传感器网络。

根据传感器节点部署的位置不同,将海洋监测传感器网络分为海面无线传感器网络和水下无线传感器网络两部分[46]。

海面无线传感器网络目前主要将无线传感器节点部署到海面,使用无线电波进行通信和组网,这种网络具有传输速度快、耗能低、传输可靠性高等特点。部署在水面的无线传感器网络节点还可以利用太阳能进行蓄能供电,利用 GPS 进行精确定位,直接与卫星进行通信。海面无线传感器网络可用来监测风向、波高、潮汐、水温、光照、水质污染等与海洋相关的信息。另外,它还负责与水下传感器网络的信息传输。尽管海面无线传感器网络节点与陆地使用同样的无线传感器节点,但部署在海面的网络其通信环境和具体应用与陆地无线传感器网络具有不同的特点,因此存在许多需要解决的问题。

水下无线传感器网络部分部署在水下[47],由于无线电和光波在水下传播距离很短,目前水下无线传感器网络主要利用水声进行通信。水下无线传感器网络可以部署固定网络、随海流漂移网络和水下航行器自主移动网络等。尽管对水下点对点远距离通信很早就有研究,但目前的研究热点是低成本、低耗能、短通信距离的水下网络。为了降低能耗,水下节点的通信距离较短,但通过在指定海域部署数量众多的节点,依靠这些节点的自组织能力,相互识别、相互连接,可以建立起小型传感器网络。水下无线传感器网络可以通过节点协作,实时监测和采集网络分布区域内各种监测对象的信息,并对信息进行分布式处理,然后通过具有高性能的水下自主航行器或具有远距离传输能力的水下节点,甚至通过普通水下节点多跳传输将实时监测到的信息传送到海面无线传感器网络。海面无线传感器网络最后通过近岸基站或卫星将监测信息实时地传送到观测者手中。

由于水下无线传感器网络部分目前主要利用水声进行通信,而水下声波通信与陆地无线电波通信有许多不同的特点,许多适用于陆地无线传感器网络的协议不能直接应用于水下网络。

2) 无线传感器网络国内外发展情况

海洋监测传感器网络最早的部署来自美国军方支持的项目,例如 SeaWeb[48]研究项目,该项目在 1998 年开始实际的水下组网试验,是目前试验时间最长、规模最大的实用海洋水下传感器网络。该系统可以部署在水下几十米至数百米的深度。这些节点可以自组织形成网络,然后与部署在海面的无线浮标、舰船节点、空中移动节点组成一个实时监测网络。美国 PLUSNet[47]也是美国海军支持的水下监测网络项目,与 SeaWeb 不同,PLUSNet 更加注重移动节点在水下监测网络中的作用。

除在军方的应用项目外,海洋传感网应用到民用项目,如全球海洋监测 ARGO 计划。该计划是由美国海洋科学家于 1998 年发起的一个对全球海洋监测的大型网络,主要目的在于收集全球范围内的海水温度、盐度和海流等海洋信息,用于提高气候预报的精度,弥补卫星、雷达等大尺度监测手段的不足,对各种自然灾害如飓风、洪涝等提前预警。

ARGO 系统由全世界几十个国家参与其中,目前已经在全球范围内部署了上千个卫星可跟踪浮标。目前用于 ARGO 系统的浮标主要有 PALACE、APEX、SOLO、PROVOR、NEPTUNESC 和 NEPTUNELS 等自持式剖面循环探测浮标。其中最为重要的是 PALACE 浮标,它的设计寿命为 4～5 年,最大测量深度为 2 000 m,可以每隔 10 天发送一组剖面实时观测资料,每年可获得多达 10 万个剖面(0～2 000 m 水深)的测量资料(温度、盐度和海流)。其他的海洋监测系统有美国的 HABSOS 和 SOSUS 监测系统、欧洲的 ROSES 系统、加拿大的 NEPTUNE 系统、日本的 ARENA 计划等。

　　国内利用传感器网络对海洋进行实时监测方面的项目,主要有中国海洋大学和香港科技大学合作研发的 OceanSense 项目[48],该项目构建了国内第一个海面无线传感器网络,并在青岛近海海面进行了部署。该网络由 21 个传感器节点组成,节点部署的位置如图 3-3 所示。

图 3-3　OceanSense 海洋传感器网络在海面上的部署位置示意

　　每个节点由水上部分的 TelosB 节点和自行研制的水下节点组成,上下节点用 RS-232 相连。通过该传感器网络能实时采集近海表面的温度(图 3-4)、光照和节点间的信号强度等信息,并可计算节点所在位置的海深和表面流速等。

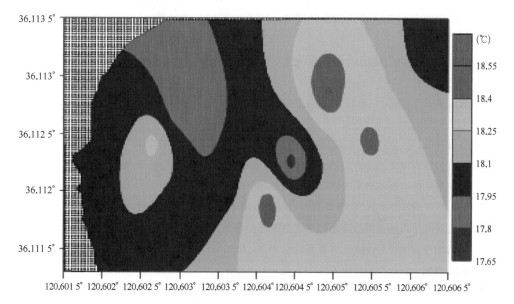

图 3-4　传感器网络监视区域的温度分布情况

◇ 参 ◇ 考 ◇ 文 ◇ 献 ◇

［1］ 边馥苓.数字工程的原理与方法［M］.2 版.北京：测绘出版社,2011.

［2］ HY/T 075—2005 海洋信息分类与代码［S］.国家海洋信息中心,2008.

［3］ 海洋综合管理专题数据库标准(试行版)［S］.国家海洋信息中心,2008.

［4］ 海洋环境基础数据库标准(试行版)［S］.国家海洋局 908 专项办公室,2008.

［5］ 孟小峰.大数据管理：概念、技术与挑战［J］.计算机研究与发展,2013,50(1)：146－169.

［6］ 张元和.规范管理创新机制 切实推进浙江海域使用管理工作［J］.海洋开发与管理,2011,12(3)：
　　　30－33.

［7］ 李春霖.我国海域使用管理中地方政府间合作关系研究［J］.山东省农业管理干部学院学报,2013,
　　　30(2)：78－81.

［8］ 国家海洋局.全国海洋功能区划(2011—2020 年)［J］.http：//www.jsof.gov.cn/art/2012/11/21/
　　　art_68_111522html,2012.

［9］ 广东省人民政府.广东省海洋功能区划［J］.http：//zwgkgd.gov.cn/006939748/201301/t20130131_
　　　365317html,2013.

［10］ 顿光宇.浅谈海洋功能区划与海域使用规划的区别与联系［J］.海洋开发与管理,2001,2(1)：
　　　36－39.

［11］ 东莞市人民政府.关于印发东莞市海域使用规划的通知［N］.http：//www.dg.gov.cn/business/
　　　htmlfiles/cndg/s1271/201007/215547htm,2010.

［12］ 徐文斌.海域使用动态监视监测系统建设关键技术研究［D］.青岛：中国海洋大学,2009.

［13］ 李静.遥感技术在海域使用动态监测系统中的应用［D］.南京：南京师范大学,2012.

［14］ 林同勇.海域使用动态地面监视监测内容探析［J］.海洋开发与管理,2014,5(6)：10－13.

［15］ 国家海洋局.国家海域使用动态监视监测管理系统总体实施方案［R］.2006.

［16］ 杨立平.海域使用动态监视监测系统建设存在的问题及应对策略［J］.海洋开发与管理,2010,
　　　27(5)：34－36.

［17］ 洪建胜.福建省海域使用综合管理信息系统建设和海洋管理信息化［J］.福建水产,2004,5(3)：
　　　49－53.

［18］ 张彦彦.连云港市 GPS 海域使用动态监测控制网建设研究［J］.淮海工学院学报：自然科学版,
　　　2009,2(12)：40－42.

［19］ 林航.浅谈 RTKGPS 在海域使用测量中的应用［J］.福建水产,2008,9(3)：50－53.

［20］ 付元宾.我国海域使用动态监测系统(SDMS)模式探讨［J］.自然资源学报,2008,23(2)：185－193.

［21］ 徐彬.海域动态监视监测系统建设［D］.青岛：中国海洋大学,2010.

［22］ 黄丹丽.浅析海洋功能区划、海洋开发规划与海域使用管理［J］.发展研究,2013,12(5)：77－80.

［23］ 吕彩霞.论我国海域使用管理及其法律制度［D］.青岛：中国海洋大学,2003.

［24］ 滕菲.海域使用不可行性论证的研究［D］.青岛：中国海洋大学,2012.

［25］ 曹英志.海域资源配置方法研究［D］.青岛：中国海洋大学,2014.

［26］ 李巧稚.海域使用统计浅谈［J］.海洋信息技术,2003,5(3)：1－3.

［27］ 曹可.海域使用动态综合评价理论与技术方法探讨［J］.海洋技术,2013,31(2)：145－148.

[28] 王琪. 公众参与海洋环境管理的实现条件分析[J]. 中国海洋大学学报：社会科学版,2010,5(2)：16-21.

[29] 王琪,刘芳. 海洋环境管理：从管理到治理的变革[J]. 中国海洋大学学报：社会科学版,2006,4(2)：1-5.

[30] 孙金波. 整体性：基于我国海洋环境管理的视角[J]. 温州大学学报：社会科学版,2014,27(3)：21-28.

[31] 黎树式,梁铭忠. 广西北部湾海洋环境变化及其管理初步研究[J]. 钦州学院学报,2014,29(11)：1-5.

[32] 李宗品. 海洋环境监测与海洋环境管理[J]. 海洋环境科学,1991,10(1)：50-57.

[33] 吕建华,张娜. 我国海洋环境突发事件应急管理体系建构[J]. 山东行政学院学报,2014,3(1)：7-10.

[34] 刘桂春,韩增林,狄乾斌. 中外海岸带管理研究的几点比较[J]. 海岸工程,2009,28(2)：38-45.

[35] 21世纪议程[C]. 联合国环境与发展大会,1991.

[36] 陈飞. 综合性海岸带规划与管理探讨[J]. 规划师,2005,2(1)：69-71.

[37] 张效莉. 利益主体参与综合海岸带管理的国内外研究现状[J]. 生态环境,2009,10(5)：174-177.

[38] Mccleave J X X, Hong H S. Lessons learned from decentralized' ICM：an analysis of Canada's Atlantic Coastal Action Program and China's Xiamen ICM Program [J]. Ocean & Coastal Management, 2003, 46(5)：59-76.

[39] 李外庚. 中韩海岸带管理制度比较研究[D]. 青岛：中国海洋大学,2009.

[40] 刘兴坡. 上海市海岸带管理的现状、挑战及发展分析[J]. 长江流域资源与环境,2012,19(12)：1374-1378.

[41] 娄成武. 山东省海岸带管理派出机构构建探索[J]. 中国海洋大学学报：社会科学版,2010,4(2)：32-35.

[42] 赵建华. 海岸带管理与GIS技术应用[J]. 海洋管理,2001,4(2)：51-54.

[43] 许学工,许诺安. 美国海岸带管理和环境评估的框架及启示[J]. 环境科学与技术,2010,33(1)：201-204.

[44] 刘云浩. 物联网导论[M]. 北京：科学出版社,2011.

[45] 罗汉江. 海洋监测传感器网络关键技术研究[D]. 青岛：中国海洋大学,2010.

[46] 陈锦铭,陈贵海,严允培,等. 水下无线传感器网络研究现状[J]. 计算机科学,2007,34(9)：303-307.

[47] Hong F, Guo Z, Yang X. OceanSense：sensor network of realtime ocean environmental data observation [J]. In：proc of the 3rd ACM international workshop on underwater networks, New York，2008，23-24.

[48] Grund M, Freitag L, Preisig J, et al. The PLUSNet underwater communications system：acoustic telemetry for undersea surveillance [J]. OCEANS 2006，1-5.

第 4 章

面向海洋大数据应用的
关键技术研究

海洋数据是一种典型的大数据,有效的海洋大数据管理技术将是发挥其巨大价值的基础。目前,针对海洋大数据相关的理论研究与技术开发尚处于起步阶段,在行业大数据概念普及的趋势下,海洋大数据在数据存储、分析挖掘、质量控制、安全保障等方面面临新环境、新模式和新挑战。本章将结合海洋大数据的应用实践过程,提出海洋大数据的存储、海洋大数据分析挖掘、海洋大数据的质量控制、海洋大数据的安全中的若干关键技术,将为各类海洋工程项目的设计与开发提供技术支撑。

4.1　海洋大数据的存储

近年来,互联网与传统产业融合进程加速推进、数据获取技术的革新、移动互联网与位置服务在移动终端的广泛应用导致了数据的爆炸式增长。目前,在海洋领域,随着海洋数据获取手段由传统的人工观测到如今高新信息技术的观测、监测设备的革命性变化,尤其是星罗棋布的人造卫星和数以千万计的各种传感器在海洋环境监测中的应用,导致海洋数据量急剧增长。如:利用传感器对海洋进行远距离非接触观测的卫星遥感;利用机载航空摄影测量设备实现精细化的多要素数据获取的航空遥感;获得定点海洋环境要素数据的海洋站;获取相应的重点海洋要素数据及航行轨迹分布规律的调查船;装载各种传感器设备获得重点区域主要海洋要素数据的浮标;利用超声波无线通信手段获得某区域内海底多要素数据的海底观测系统等。立体化的海洋监测系统具有实时、高精度、高频率的特点,导致海洋数据急剧膨胀;而海洋数据获取手段多样化,导致海洋数据格式呈现多源、异构等特点。多源、多类、多维、敏感、海量以及实时监测的海洋数据成为大数据的典范。对于海洋相关职能部门,如何解决其大量数据存储与有效使用成为其业务核心问题之一,其对数据存储提出了如下要求:

(1)对性能的要求。由于数据存储中心将承载巨大的检索访问量,在巨大庞杂的数据中检索出用户所需的数据信息,将结果快速返回给用户,所以对存储平台的设备性能要求极高。

(2)对空间的要求。海洋大数据海量性、实时性的特征要求数据存储系统在硬件架构和文件系统上大大高于传统技术,要求数据存储空间具有高扩展性,随着实时观测数据的采集,数据存储空间应具有强大的弹性。

(3)对存储模型的要求。海洋大数据的多源性导致海洋数据模态千差万别,包括结构化数据(＊.MDB、＊.dbf、＊.bak、＊.dmp 等),空间数据(＊.shp、＊.adf、＊.tif、＊.jpg、＊DEM 等),非结构化数据(＊.doc、＊.xls、＊.pdf、＊.txt、＊.xml 等)。数据格式的多样性对数据库的一致性(consistency)、可用性(availability)和分区容错性都提出了更高的要求。

(4) 对安全的要求。海洋大数据中包含大量机密敏感数据,如长周期的海洋气象、水文、潮位数据,海洋渔业和油气矿产资源数据,大比例尺的海岛暗礁、近海岸线数据,灾害预警与评估等,需要采取数据安全保障的措施。

4.1.1　云计算技术

云计算(cloud computing)作为一种网络应用模式,为大数据存储与管理提供了有效的解决方案。云计算这一概念由 Google 公司于 2006 年首先提出,是一种建立在计算机集群系统之上,包含并行计算、分布式计算以及虚拟技术在内的商业概念。云计算是一个为用户提供可配置的、共享基础资源的计算模型,它使得用户能够在云服务提供商很少参与的情况下,方便、实时地访问存储、计算等资源。云计算提供商通过把大量的节点和网络设备连接在一起,构建一个或若干个大规模的数据中心,然后以数据中心为基础向用户提供各种层次的服务,例如基础设施服务、平台服务、存储服务和软件服务等。

云计算涉及的关键技术包括虚拟化技术、群组管理技术、数据存储/管理技术、Web 技术、并行编程技术以及负载均衡、并行计算等其他相关技术[1-4],具体如图 4-1 所示。其中,海量分布式存储技术即为广泛意义上的云存储(cloud storage),云存储是云计算概念上延伸和发展出来的一个新的概念。云存储的概念与云计算类似,它是指通过集群应用、网格技术或分布式文件系统等功能,将网络中大量各种不同类型的存储设备通过应用软件集合起来协同工作,共同对外提供数据存储和业务访问功能的一个系统。

图 4-1　云计算关键技术

其中,云存储技术为大数据分析与数据密集型计算提供了基础。随着存储技术的快速发展,以及对海量数据的存储需求,出现了适应于大数据的分布式存储技术。云存储技术广泛采用分布的存储单元,利用先进的信息化技术,包括网络互联技术、虚拟化技术等,形成高性能和可伸缩的存储资源池,满足大数据的存储需求,同时利用动态资源分配实现数据的冗余存储,确保存储的可靠性。在大量非结构化数据出现之前,主要采用传统的关系数据库管理结构化数据,但当有大量的结构化数据和非结构化数据时,需要发展新的数据管理技术,例如 Google 采用的 GFS 和 BigTable 技术,开源软件 Hadoop 采用的 HDFS 和 HBase 技术,可以有效地解决大数据存储需求。还有许多研究单位针对这种需求,研究相关的技术,整合分散的存储资源,在此基础上形成资源可调度的模式,为云计算中大数据存储提供技术条件[5]。

4.1.2 海洋大数据专有云平台

海洋大数据具有区别于传统数据的显著特征(如海量性、多样性、实时性、空间性、敏感性、异构性等),并且海洋数据的特征不仅影响海洋大数据的高效管理,同时也影响海洋大数据的应用。因此,针对海洋大数据特征,需要进行专有云平台建设,对海洋大数据进行存储与管理。

海洋大数据专有云平台由两种不同模式(私有或公有)云平台组合而成,即包括公有云存储平台与私有云存储平台两部分。应用混合云模式,可以将敏感性低的数据信息部署到公有云上,充分利用公有云在扩展性和成本上的优势;同时将对安全性要求较高的敏感性数据放在私有云中。

海洋大数据的实时性要求其数据存储系统具有高扩展性,以便对源源不断的数据进行有效存储。针对海洋大数据的显著特征,海洋大数据专有云平台将公有云与私有云的优势结合,使其成为具有更高性能的存储平台。而在混合云存储环境中,保证存储系统高效性的关键在于如何在众多的数据中心对海洋大数据进行布局,以及在公有云与私有云之间,如何对海洋大数据进行迁移是影响这个存储系统的关键问题。海洋大数据专有云平台架构如图4-2所示。

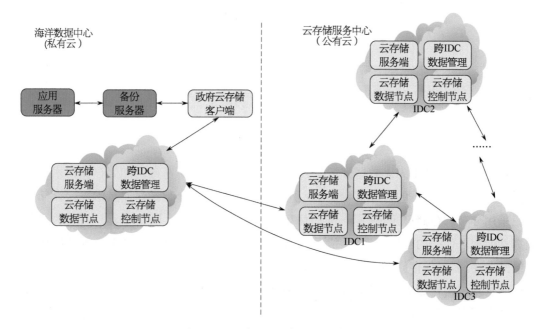

图4-2 海洋大数据专有云平台架构

4.1.3 海洋大数据存储模型

海洋大数据具有显著的时空特性,并且具有强时空关联特性。空间相关性是指数据之间存在空间上的相互关联的关系,也称为空间依赖性,指数据的监测值随着空间位置分布的改变呈现出有规律的变化,即逐渐升高、降低或者集聚。空间相关性的定量计算与验证在空间计量经济学领域已经研究得相当成熟。著名的方法有 Moran's I、Geary's、Getis 指数,其中 Moran's I 方法最常使用。

按照地理学第一定律,地理上的任何地点之间都是相关的[6],而且距离越近关系越密切[7],任何一个空间单位都会受到邻近区域的积极和消极影响[7]。即物理世界的一切与空间有关的事物都存在空间相关性[8]。空间自相关指的则是在一个空间范围内,某一个属性值与相邻空间位置的同一属性值具有相互关联的关系。按照空间范围的大小可以分为全局与局部两种指标进行量度。在全局衡量数据空间自相关的方法中,数据的取值范围为[−1,1],其中,(0,1]表示监测要素之间存在空间正相关;否则,表明存在空间负相关。而局部的系数表示的是某一要素值在某一区域内的高值或者低值的空间聚集。

1) 海洋大数据的布局

每一个海洋数据对象都具有位置信息,即海洋大数据具有显著的空间性,各个位置点的海洋数据具有较高的空间相关性。并且在地理位置较近的区域某一观测要素是相关的,高的地方周围呈现较高的趋势,较低的地方周围也呈现较低的趋势。利用 Moran's I 指数来对海洋大数据进行相关指数分析,基于此对混合云存储环境中的海洋大数据的存储进行布局,给出海洋大数据的空间相关系数的定义与定量化表达。

在空间相关性的研究中,目前最常用的是 Moran's I 指数,其中 Moran's I 指数分为全局和局部 Moran's I 指数。

全局 Moran's I 指数用来衡量邻近的空间范围某一监测数据呈现出来的空间相关程度。定义 x_i 为某海域第 i 个监测点的要素值,$(x_i - \bar{x})(x_j - \bar{x})$ 反映了要素值的相似程度,确定了相邻位置的监测点之间的邻近关系 W_{ij} 和要素值的相似性 C_{ij},全局 Moran's I 指数就可以通过下式计算得出。

$$I(D) = \frac{\sum_{i=1}^{n}\sum_{j\neq 1}^{n}W_{ij}(x_i-\bar{x})(x_j-\bar{x})}{S^2\sum_{i=1}^{n}\sum_{j\neq 1}^{n}W_{ij}} \tag{4-1}$$

其中 $$S^2 = \sum_{i=1}^{n}(x_i-\bar{x})^2 ; \quad \bar{x} = \frac{1}{n}\sum_{i=1}^{n}x_i \tag{4-2}$$

Moran's I 指数 $I(D)$ 取值范围是 $[-1, 1]$。如果 $I(D)$ 处于 $(0, 1]$ 内，则证明要素值与空间位置存在正的空间相关性；否则，存在负的空间相关性；如果 $I(D) = 0$，则证明要素值在空间分布上不存在空间依赖性。

局部 Moran's I 指数则可以通过下式计算得到。

$$I_i = \frac{(x_i - u)}{m_0} \sum_j W_{ij}(x_i - u) \tag{4-3}$$

式中，W_{ij} 为邻接矩阵；m_0 为某一海域第 i 个监测站点的监测值，$m_0 = \sum_i (x_i - u)^2 / n$；$u$ 为该海域内所有监测值的同一要素值的均值；对 j 求和表示的是与第 i 个监测站点邻近的所有监测站点都要参与到计算当中。

通过式（4-3）对局部 Moran's I 指数进行计算得到的结果中，正的 I_i 值表明该海域内某一要素值呈现空间集聚；反之，则表明在该海域该要素值不存在相似的空间集聚。其中，邻接矩阵 W_{ij} 标准化为

$$Z(I_i) = \frac{I_i - E(I_i)}{\sqrt{\mathrm{VAR}(I_i)}} \tag{4-4}$$

式中，$E(I_i)$ 和 $\mathrm{VAR}(I_i)$ 分别是 Moran's I 指数的期望和理论方差。全局自相关分析和局部自相关性分析可以通过全局和局部 Moran's I 指数分别计算得到[9-13]。根据两者的特点，利用两者的工作原理给出了海洋大数据空间相关系数的定量化表达，见定义 4-1。

定义 4-1　空间相关系数　海洋数据集 D 中属性集 $(A_k, A_{k+1}, \cdots, A_n)$ 在空间位置 (A_0, A_1) 上的空间相关系数即为 $SC(D) = I$，其中，I 对应式（4-3）。

根据定义 4-1，确定海洋大数据的空间相关系数，对混合云存储环境中的海洋大数据进行布局。利用 ArcGIS Map 中的空间统计工具对数据进行空间相关性分析，得出海洋大数据的特征要素具有空间相关性，即海洋大数据的特征要素随着空间位置的变化表现出有规律的变化趋势。将相关性较高的海洋大数据存储在编号相同或者邻近的数据中心，减少了数据的传递，降低了数据的管理成本。

2) 海洋大数据专有云中数据迁移

在混合云存储环境中，由公有云与私有云两部分构成，其中两者的存储平台均由多个数据中心组成。私有云具有高性能，但其价格高昂，而且数据维护的成本较高。实时的海洋大数据不断产生，需要的存储空间不断增加。而在混合云存储环境中，结合公有云价格低廉、管理费用相对较低的优势，可以为海洋大数据提供充足的存储空间。而解决公有云与私有云之间数据移动的关键是数据进行高效的迁移。

在存储系统中，数据的价值与数据在存储系统中存储的时间长度和数据访问频率具有高相关性。数据在不同的阶段具有不同的意义。当数据刚被存入数据存储系统时，其被用

户调用的频率较高。随着时间的增加,这批数据相对于刚被存储的数据可以称为旧数据或者历史数据,历史数据被用户调用的次数急剧减少。

数据迁移中涉及的关键因子包括海洋数据模式、海洋数据集、海洋数据的敏感度、存储时间、数据访问频率。在此基础之上,提出了适合于海洋大数据的迁移算法,对算法进行详细描述,并从时间和空间复杂性方面对算法进行了分析,将海洋数据的敏感度、数据访问频率、数据大小、数据存储时间长度等因素作为迁移因子,迁移算法兼顾了数据存储容量、海洋数据本身的属性特征和数据访问过程中的动态变化。通过形式化与定量分析,对数据中心的饱和度进行评估,达到迁移触发条件之后,又根据迁移函数对数据进行计算分析,将满足阈值的数据向公有云迁移。该算法时间复杂性较低,具有较高的可行性,在保证数据访问速度的同时,大大降低了海洋大数据的管理成本。

4.2 海洋大数据分析挖掘

4.2.1 时间序列相似性分析

时间序列是指随时间变化的序列值或事件。在海洋研究领域存在大量的时间序列数据,如各类海洋传感器监测数据、海洋遥感影像、气象卫星云图等。传统的时间序列分析方法以模型分析为主,但模型分析方法建立在假设理论和数学基础之上,每一种模型都有其适用条件,因而在实际运用中具有一定的难度和局限性。数据挖掘(data mining)方法的产生弥补了以上的不足,它可以从大量、复杂甚至含有噪声和模糊的实际数据中,提取出一定的有用规则,不需要事先知道数据的分布情况,且得到的知识和信息也往往是单纯利用模型分析方法所无法得到的。时间序列数据挖掘(time series data mining,TSDM)应运而生,并成为数据挖掘领域一个重要研究方向。

时间序列相似性分析是时间序列挖掘的一个前期步骤,是时间序列分析的一种重要手段,其中的相似性匹配技术是时间序列模式匹配、模式分类与聚类、时间序列异常检测以及时间序列预测等各类时间序列数据挖掘方法的前提和基础。在时间序列相似性分析中,有两个关键问题,即时间序列表示和时间序列相似性匹配。

1) 时间序列表示

直接将时间序列的数据按照它们各自的产生顺序排列即得到时间序列的一种表示,但时间序列挖掘领域一般将一条长度为 $n(n > 0)$ 的时间序列看作 n 维向量空间中的一个点,当前的高维数据索引方式难以应对这种情形。时间序列数据具有高维特点,如果直接进行相似性比较,则效率较低,且容易引起"维数灾难"问题,同时,这些高维数据中可能包含大量的与关键特征或模式无关的信息和冗余信息,这些信息会极大地降低算法的性能。因此,通过对时间序列的再表示可以起到降维的作用,除此之外,时间序列的再表示还具有降噪和归一化操作两个方面的作用,对于数据挖掘十分必要[14]。

时间序列表示方法分为时间域连续性表示和基于变换的表示两大类。时间域连续性表示方法包括:逐段线性近似(PLA)、逐段聚集近似(PAA)、适应性分段常数近似(APCA)、符号聚集近似(SAX)、分段线性表示法(PLR)。

基于变换的表示方法一般是指时间序列数据由时域到频域的变换。应用比较广泛的算法有离散傅里叶变换(DFT)、离散小波变换(DWT)、奇异值分解(SVD)等。基于变换的方法在采用某种变换方式将数据从时域变换到频域后,从变换后的系数中选取 $k(k>0)$ 个组成新序列来近似模拟原始序列,从而达到时间序列降维的目的。在实际应用中,基于 DFT 的表示可能会忽略信号的局部差异,因此适用于比较平稳的时间序列;小波变换可以保留数据的局部特征,但是其基函数不平滑,可能一段短时间序列在变换后得到大量系数,对系数的选取有很高要求,需要有较高理论基础;SVD 方法是将原时间序列分解到 k 维空间,达到数据降维的目的,但是在产生基向量的过程中数据操作比较复杂。

2) 时间序列相似性匹配

时间序列相似性匹配问题最早是由 Agrawal 等在 1993 年提出的,这一问题被描述为给定某个时间序列,要求从大型数据集合中找出与之相似的序列。时间序列相似性匹配算法有子序列和全序列匹配两种方式。时间序列相似性匹配的基础是时间序列相似性度量,使用哪种距离函数来度量两个时间序列是否相似是研究的关键,在不同领域甚至在同一领域,若给定的数据性质不同,则选取的距离函数可能也不同。常用的相似性距离度量方法主要有 L_p 距离法、动态时间弯曲(DTW)法等。

L_p 距离法最为常见,用于计算数值型表示的时间序列相似性程度,即利用距离公式计算两个时间序列的相似性。一般来说,距离越短,相似性程度越高。距离函数中常用的有三种,分别是曼哈顿距离、欧氏距离和最大距离。上述表示方法也存在一定的局限性:首先要求两时间序列的长度是相等的;其次由于是通过多点间的距离度量两者的相似度,因而时间序列的波动范围差异及噪声会对距离产生很大影响,利用这种度量方式之前需要对时间序列数据进行预处理,如降噪或归一化处理等。

DTW 法与距离法最大的不同在于它可以处理非等长时间序列之间的相似性度量。由于时间轴的微小变形将会引起欧氏距离很大的变化,因此对于时间轴有轻微变形的时间序列相似性度量,距离法将不再适用。DTW 法可以归结为用动态规划算法寻找一条具有最小代价的最佳路径。这种距离对于时间轴的缩放不再敏感,但是会对幅值的位移变形和幅值按比例缩放敏感。该方法的缺点在于时间复杂度较高,需要计算最短路径和距离矩阵。

3) 时间序列相似性匹配算法在数字海洋风暴潮辅助决策系统中的应用

时间序列相似性匹配已经应用于很多领域,如股票交易分析、天气预报等,在海洋防灾减灾领域,可用于风暴潮辅助决策,即在风暴潮数据序列中通过相似性匹配算法找到与查询序列相似的序列,再依据此序列所处的灾害等级和处理方法,来判断该次风暴潮所处的等级以及给出合理的解决方案。风暴潮数据库记载了以往发生风暴潮的编号、时间、地点、成因、成灾范围、受灾人数、死亡人数、灾度评估、台风描述、救助等信息。由于风暴潮时间序列具有非线性、数值与事件相混淆的特征,因此需要给出合适的风暴潮序列相似性定义、度量模型和匹配算法。文献[15]提出了基于斜率特征向量过滤的风暴潮序列相似性匹配算法(FBCM_Slope)。

(1) 风暴潮序列的相似性定义。设 Q 和 C 是两个不同的风暴潮序列,x 和 y 分别为两序列中的元素,用函数 $\delta(x, y)$ 来定义其相似性,有

$$\delta(x, y) = 1,若 \mid x(t) - y(t') \mid \leqslant \varepsilon$$

$$\delta(x, y) = 0,若 \mid x(t) - y(t') \mid > \varepsilon,或者 x(t) = 0,或者 y(t') = 0$$

式中,ε 为误差阈值,由用户根据具体要求和实验确定。ε 值与风暴潮的相似成反比,即 ε 的值越小,表明两序列的相似度越高;反之,则认为两序列相似度越低。上述函数 $\delta(x, y) = 1$ 的时候,认为 x 和 y 是相似的;反之则不相似。

两个风暴潮序列的相似性度量模型定义为

$$Measure\ (Q, C) = \sum_{i=1}^{\max(\mid Q\mid, \mid C\mid)} \delta(Q[i], C[i]) \tag{4-5}$$

若 $\mid Q \mid = \mid C \mid$,则两序列的长度相等。

(2) 相似性匹配算法。基于斜率的分段算法:把风暴潮序列按时间量化,记为 (x_i, y_i),x_i 为按照时间顺序记录的第 i 次风暴潮发生的时间,为一个 $(1, 2, 3, 4, \cdots, n)$ 数组,每一个数字代表某次风暴潮发生的时间(年月日),y_i 为对应的数字发生该次风暴潮的最高潮位。如风暴潮时间序列数据库是从 1949 年 7 月 24 日开始的,最高潮位为 519 cm,则记为 $(1, 519)$,依此类推。

风暴潮序列在坐标系中的表示:x_i 记为 x 坐标,y_i 记为 y 坐标,依次把时间序列对应在相应的坐标系内。每两个相邻的时间序列点用垂线隔开,趋势上升记为"1",趋势下降记为"0",则序列可以用"0""1"组成的长度为 $\mid S \mid - 1$ 的二进制比特表示,如图 4-3a 所示,特征向量值为"111001110011100"。这种方法的优点是算法效率高、简单,但不适用于含噪声值的时间序列。如图 4-3b 所示,含有 a、b、c、d 四个噪声值,从而导致剔除掉正确的时间序列。

为了缓解序列噪声值,提高精确度,采用基于斜率的特征序列表示法:给定时间序列 $S = S(s_0, s_1, s_2, \cdots, s_{n-1})$ 和分段参数 l(假设 l 能被 $n-1$ 整除),将序列 S 分割成 l 段,即

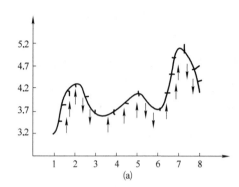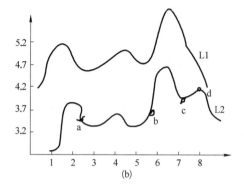

图 4-3　序列特征值的分段表示[15]

s_0，s_1，s_2，…，s_{l-1}。令 $j = (n-1)/l$，每段包含 $l+1$ 个点（包含两边端点），表示为 $S_i = (s_{i,j}, …, s_{(i+1),j})$ $(0 \leqslant i < l-1)$；令

$$\omega(i) = \begin{cases} 1 & \left(\dfrac{y_i - y_{i-1}}{x_i - x_{i-1}} > 0 \right) \\ 0 & （其他） \end{cases} \tag{4-6}$$

当时，表示时间序列 S_i 在第 i 段是上升的，即二进制数记为"1"；否则，认为该段时间序列是下降的，记为"0"，最后形成一串由 0、1 组成的形状特征值。

这里采用全序列匹配方法，只要两个序列的特征向量相同，则认为是相似的。因此经过特征向量值的相似匹配过滤，可以剔除掉一部分风暴潮序列。这样不仅节省了空间，且计算比较简单，只需一次遍历就可以计算出所有时间序列的特征值。

具体算法步骤如下：

① 数据预处理。把风暴潮数据库中的数据按照时间顺序剔除掉编号、时间、地点、成因、成灾范围、受灾人数等，并将对应的台站潮位信息放入预处理结果文件中。

② 构造风暴潮序列。从预处理结果中，把各个台站的潮位信息按照时间顺序编号，依次放入数组中，形成一组风暴潮序列 SUS。

③ 监测台站数据的处理。把监测到的台站数据按照时间顺序，依次把描述信息等按照第①步进行预处理，然后按时间顺序放入数组中形成时间序列数据。

④ 查询序列与数据序列的相似匹配。具体描述如下：根据检测到的台站数据，经过第③步处理，作为查询序列，与风暴潮数据库中的序列进行基于斜率的分段相似匹配。若相似，则放入过滤数据库中，然后利用定义的相似度量模型，进行进一步的风暴潮序列相似性度量，与误差阈值 ε 相比，若小于 ε 值，则认为与该风暴潮序列相似。若有多条，则认为与最相近的序列为相似序列。

⑤ 风暴潮辅助决策。依据第④步得出的相似序列，在风暴潮灾害数据库中搜索出该次风暴潮发生的等级和处理方法，领导者或者决策者可以根据等级和该次处理方法来辅助决策此次风暴潮的发生。

（3）实验及结果分析。把 1949—2008 年中随机抽取的 10 组数据序列作为查询序列，与数据序列的风暴潮序列进行相似匹配。分段过滤算法的 l 值选取在实验中占有非常重要的地位。经过多次实验，l 值选取 7 是最佳的，既没有过滤掉相似的序列，也有效地剔除掉了一部分序列。图 4-4 是从多组实验中抽取的一组实验。

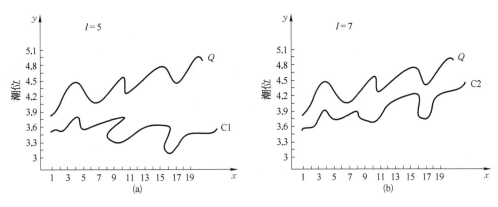

图 4-4 l 取值不同时对比[15]

图 4-4 中查询序列 Q 是从数据序列中抽取的编号为 H01012 的风暴潮序列，C1、C2 分别是在数据序列中找到的编号为 H01016、H01123 风暴潮序列。经过相似度量模型计算，当 $l=7$ 时，$Measure=0.000\,52$；当 $l=5$ 时，$Measure=0.009\,56$，都比选定的阈值 $\varepsilon=0.01$ 小，而且从图 4-4 中可以明显地判定出，当 $l=7$ 时，在数据序列中找到的风暴潮序列与序列 Q 匹配程度更高。

4.2.2 时间序列预测

1）时间序列预测分类

对时间序列研究的目的在于根据一系列有序数据预测未来值，时间序列预测已成为大数据挖掘与分析的挑战性课题之一。时间序列预测有着广泛的应用领域，如预测天气、太阳黑子的活动、网络流量、销售量、股票市场等。大体上时间序列预测方法可分为以下几类：

（1）线性时间序列预测[16]。主要包括自回归模型（autoregression model，AR 模型）、滑动平均模型（moving average model，MA 模型）、自回归滑动平均模型（autoregressive moving average model，ARMA 模型）、求和自回归滑动平均模型（autoregressive integrated moving average model，ARIMA 模型）等。这些模型的优点是：所需样本量少，数学模型精确且能获得具有一定精度（用模型误差方差来表示）的统计特性，与真实结果非常接近，因此在实际应用时比较方便，可操作性较好。缺点是：适用范围有限，对具有异方差、非线性时间序列不能精确预测。

（2）非线性时间序列预测[16]。除传统时间序列分析中的自回归条件异方差模型（autoregressive conditional heteroskedasticity model，ARCH 模型）和广义 ARCH 模型（GARCH 模型）外，还有神经网络、嵌入空间法、决策树等方法，然而基于神经网络的时间序列预测在确定网络的结构和参数（如隐含节点的个数）时比较麻烦，并且如何改进神经网络的结构，克服神经网络内部结构的缺陷也是一个难点。

（3）支持向量机（support vector machine，SVM）[16]。支持向量机在时间序列中的应用主要是基于复杂事件处理的，例如金融数据处理。其优点是计算速度快、全局最优和泛化能力强等，但由于预测模型的拟合精度和泛化能力主要取决于相关参数的选取，因此至今没有通用的理论和方法，在一定基础上限制了支持向量机的应用。

（4）混沌时间序列预测[17]。20 世纪 60 年代初，美国麻省理工学院科学家洛伦茨（Lorenz）在研究气象数据中发现"蝴蝶效应"后，来自天文、水利、气象、脑电生理学等实际工程领域，如太阳黑子、河流径流量、潮汐、脑电波等时间序列也都被发现具有混沌特性。分析和预测混沌时间序列的演变规律不仅是掌握复杂系统动力学特性的重要手段，也可以为大气洋流、潮汐中长期演变、脑电生理图像病理分析等实际工程领域的问题提供理论支持和决策依据。混沌时间序列预测研究有两个焦点：一是增加预测模型的复杂度，以面向控制、水文、气象、脑电生理学等研究背景下的具体预测需求；二是引入和改进模式识别领域的特征提取算法，从而降低混沌数据的预测难度，以提高预测精度。

（5）基于云模型的时间序列预测[16]。基于云模型的时间序列预测发展很晚，其相关理论和应用成果不多，自 1995 年李德毅教授提出云模型概念，随着云模型理论的相应完善，才逐步发展起来。云模型是将随机性与模糊性相结合，通过特定的算法实现定性定量间不确定转换的一种模型。自提出以来，一直是各界研究者探究应用的热点，目前云模型已成功应用在金融市场、数据挖掘、人工智能、图像处理、决策分析等众多领域。基于云模型的时间序列预测就是运用云理论为知识表示的理论基础，提出预测知识，并综合不同时间粒度的知识进行时间序列预测。系统将要表达的预测知识应当是模糊的、不确定的，是一种定性知识。基于云模型的时间序列预测不仅在时间粒度，还能在信息粒度上给予一定的压缩。

2）时间序列预测在海洋灾害上的应用

赤潮是我国沿海最主要的生态灾害之一，赤潮的发生对沿海的生态环境和水产养殖造成了严重的影响。由于赤潮过程的复杂性，目前人们还没有完全掌握赤潮的发生、发展和消亡的机理，赤潮灾害的监测和预报已成为一个国际性的难题。

影响赤潮发生的因素非常多，其中温度和盐度是影响赤潮生物活动的两个很重要的因素，绝大多数的赤潮生物都有适合自己生长繁殖的温度和盐度范围，因此，如果能够准确地预测温度和盐度的变化对掌握赤潮生物的动态是很有意义的。文献[18]提出了一种结合奇异谱分析（singular spectrum analysis，SSA）和径向基函数（radial basis function，

RBF)神经网络的时间序列多步预测温度和盐度的方法。方法的过程框图如图 4-5
所示。

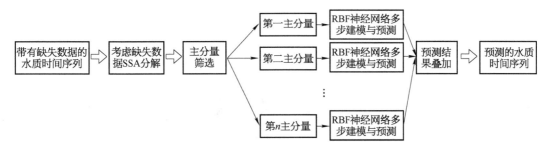

图 4-5　SSA+RBF 神经网络水质时间序列多步预测的过程框图[18]

其步骤如下：

（1）将用于建模的时间序列做考虑缺失数据的 SSA 分解,获得 m 阶主分量。

（2）分别对各个分量的方差贡献率进行排序,选取累计方差贡献率超过 90% 的前 n 个
分量作为神经网络建模的对象,其他的分量作为噪声忽略不计。

（3）对于各个主分量的训练时间序列 $s(t_i)(i=0,1,\cdots,n)$,用一定的嵌入维数
m 可以建立起一个包含 $p=n-1-(m-1)$ 个向量的相空间 X,构造出的相空间向量
x_i 为

$$x_1 = (s_1, s_2, \cdots, s_m)$$
$$x_2 = (s_2, s_3, \cdots, s_{m+1})$$
$$\cdots\cdots$$
$$x_p = (s_p, s_{p+1}, \cdots, s_{n-1}) \tag{4-7}$$

对应的输出值为 $(s_{m+1}, s_{m+2}, \cdots, s_n)$。

（4）利用各个分量重构时间序列对应的相空间样本训练 MISO 结构的径向基函数神经
网络,进而利用连续传递结构的 RBF 神经网络对各个主分量进行多步预测。

（5）线性叠加各个分量的预测结果,获得最终的预测结果。

实验时,以在 1 号站位浮标连续监测参数(温度、盐度)的监测时间序列样本为研究对
象,考虑到时间序列的等间隔采样要求,取每天 12:00 的采样结果构成时间序列,采样的时
间间隔为 1 天/次。将数据分为两段: 6 月 1 日—7 月 20 日带有缺失值的数据完全用于训
练预测模型; 7 月 21 日—8 月 28 日共 39 个数据用于预测模型的验证。分别用 RBF 神经网
络和 RBF+SSA 的方法对五项连续监测参数的时间序列进行建模和预测,SSA 变换的嵌入
系数 $m=10$,考虑到经过 SSA 变换后得到的时间序列分量表现出一定的线性行为,取嵌入
维数为 3,分别做第 1 步(T+1)、第 2 步(T+2)和第 3 步(T+3)预测,则温度和盐度这两项
误差的结果见表 4-1。

表4-1 不同预测方法的误差对比[18]

	温度 (T+1)	温度 (T+2)	温度 (T+3)	盐度 (T+1)	盐度 (T+2)	盐度 (T+3)
RMSE(RBF)	1.212 6	1.605 3	1.483 2	0.703 8	1.355 0	3.088 3
RMSE/SD(RBF)	0.759 6	1.005 6	0.929 1	1.624 4	3.127 2	7.127 4
RMSE(RBF+SSA)	0.987 4	1.215 3	1.450 9	0.496 0	0.534 7	0.568 4
RMSE/SD(RBF+SSA)	0.618 5	0.761 3	0.908 9	1.144 7	1.234 0	1.311 8

温度和盐度的第3步预测结果如图4-6所示,图中横坐标表示验证数据的编号,其中图a和b分别为利用 RBF 和 RBF+SSA 方法的温度时间序列预测结果,图c和d分别为利用 RBF 和 RBF+SSA 方法的盐度时间序列预测结果。可以看出,对于波动较小的温度时间序列,RBF 方法和RBF+SSA 方法的1~3 步的预测误差相差不大,RBF+SSA 方法只是略好于 RBF 方法;对于波动较大的盐度时间序列 RBF 方法的1~3 步的预测误差要明显高于 RBF+SSA 方法,并且 RBF 方法在第2步和第3步的预测出现了非常大的误差,预测误差还有快速增长的趋势,而使用 RBF+SSA 方法则可以将第2步和第3步预测误差降到非常低的程度。

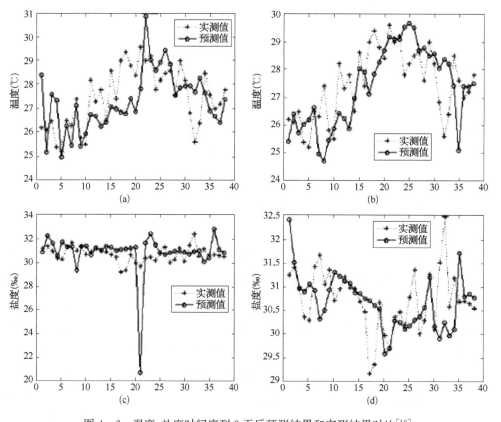

图4-6 温度、盐度时间序列3天后预测结果和实测结果对比[18]

叶绿素是反映水体中浮游植物生物量的重要因子,也是赤潮现象最重要的表征因子。为了对叶绿素浓度进行预测,文献[18]一方面采用变量线性相关系数法筛选出溶解氧是与叶绿素变动相关的因子,将其作为叶绿素的辅助预测因子,借助其关联性的信息提高预测模型的可靠性;另一方面,由于溶解氧、叶绿素时间序列中每个采样点的不确定性无法评价,因此将其采样数值模糊化,以模糊时间序列的形式表达采样数据的不确定度。综上所述,结合现有的二元模糊关系法和二元高阶模糊推理法的特点和优势,提出了一种改进的二元模糊时间序列预测方法,其步骤如下:

(1) 利用 SSA 方法分别对叶绿素和溶解氧时间序列进行分解,考虑到时间序列波动较大的特点,只取前两阶主分量进行重构,形成叶绿素和溶解氧变动的趋势信息时间序列。

(2) 对叶绿素和溶解氧的趋势信息时间序列使用二元模糊关系法进行预测,窗口函数取 $w=7$,获得第 $i+1$ 天的叶绿素趋势模糊化变动预测值 t_{i+1}。

(3) 对原始叶绿素时间序列,采用二元高阶模糊推理法进行预测,阶数 $k=3$,对存在匹配模糊关系的情况,计算第 $i+1$ 天的叶绿素预测值,对不存在匹配模糊关系的情况,则进入第(4)步。

(4) 利用第(2)步中获得的趋势模糊化变动预测值,与第 i 天的叶绿素相叠加,获得第 $i+1$ 天的叶绿素预测结果。

实验时,以 1 号站位和 2 号站位 8:00 组、12:00 组、16:00 组的浮标监测叶绿素和溶解氧数据为研究对象,二元模糊关系法取窗口宽度 $w=7$,二元高阶模糊推理法取阶数 $k=3$,考察 7 月 21 日—8 月 28 日叶绿素数据的预测情况,得到的单步预测结果的均方误差见表 4-2。从中可以看出,该预测方法比其他预测方法的预测精度都要高。

表 4-2 不同预测方法的误差对比[18]

	单变量法	二元模糊关系法	二元高阶模糊推理法	本文提出的综合预测方法
1 号站位(8:00)	2.173 3	1.505 0	1.047 9	0.928 8
1 号站位(12:00)	1.064 3	0.718 7	0.808 2	0.683 2
1 号站位(16:00)	2.538 3	2.023 9	1.242 7	1.105 5
2 号站位(8:00)	0.737 3	0.368 6	0.393 6	0.337 1
2 号站位(12:00)	1.010 3	0.815 2	0.903 4	0.784 3
2 号站位(16:00)	2.380 2	1.138 5	1.230 5	1.078 2

4.2.3 时空聚类

时空聚类(spatio-temporal clustering, STC)是指基于空间和时间相似度,把具有相似行为的时空对象划分到同一组中,使组间差别尽量大,而组内差别尽量小。时空聚类分析是时空数据挖掘的一个主要研究内容,是计算机科学与地球信息科学领域交叉研究中的一个前沿课题,对于揭示时空要素的发展变化趋势、规律以及本质特征具有重要意义。时空聚类可用于天气预测、交通拥堵预测、动物迁移分析、移动计算和异常点分析等方面,比如:气象专家研究海岸线附近或海上飓风的共同行为,发现共同子轨迹有助于提高飓风登陆预测的准确性。

现有的时空聚类方法[19]有许多,主要包括基于模型的方法、基于密度的方法、基于距离的方法。基于模型的方法是通过获得一种能描述数据的全局模式,比如回归混合模型、马尔可夫模型,其中一些方法依赖于定义的多元密度分布,并寻找模型的拟合参数。基于密度的方法是将经典的基于密度的群以噪声发现聚类(density-based spatial clustering of applications with noise,DBSCAN)算法进一步扩展到时间维。主要在于定义一个密度阈值来区分相关数据项和噪声。基于距离的方法主要定义一种基于距离的相似度函数来对轨迹进行聚类,可以分为两类:一类是从时间和空间两个角度分别定义时空邻近实体,这类方法通常需要人为设置阈值,适于发现同种类型时空实体在时间上的连续变化情况,但难以用来探测时空簇;另一类是综合定义时空耦合距离,在实际中时空属性的融合比较困难。

除以上方法外,研究人员还提出了许多基于移动微簇探测移动轨迹数据中移动簇的方法。但微聚类方法也存在一定的局限性,例如,微簇的定义限制了算法只能找到球形簇,在簇与簇发生重叠期间算法不易将簇分开。此外,如果移动对象的速度频繁变化,更新分离和合并操作将会占据整个算法大部分时间。也有研究者对时空数据的语义信息、时空数据内在不确定性以及数据中存在的大量噪声进行了考虑,对聚类方法加以改进。在提高时空聚类效率方面,有研究者针对时空大数据引入了增量方法,或在云计算平台上进一步优化。

尽管时空聚类研究的成果比较丰富,但仍存在一些问题,主要包括:① 如何最恰当地定义对象间的距离,不同的相似度函数将决定时空数据间相似度比较的严格程度;② 现有聚类算法未考虑时间、空间约束;③ 如何选择聚类方法以更好地表达轨迹数据。

聚类分析包括三方面研究内容[20]:① 数据的聚集趋势估计,即判断数据能否进行聚类分析;② 聚类方法设计;③ 聚类结果有效性评价。在地理空间中,时间和空间上的相关性是时空实体的基本特征,也是进行时空聚类分析的前提。若实体间没有相关性,则不会产生明显的聚集现象。分析方法主要有时空相关性分析,时空平稳性分析。

4.2.4　时空异常检测

时空异常(spatio-temporal outlier,STO)是指某对象与时空相邻域内其他对象存在明显的差异。时空异常既表现为空间上的异常,也表现为时间序列上的异常。时空异常检测是指从描述时空对象的时空数据中检测出存在明显偏离正常模式的时空对象的过程。时空异常检测的结果可以为海洋灾害的预测预警、海洋资源分布的发现等提供参考依据。

1）时空异常的主要类型

时空异常包括空间关系异常、时间关系异常、时空关系异常。

（1）空间关系异常。若被研究的对象数据集依据空间关系应该符合某种规律，但是数据集中存在某对象数据没有依据空间关系遵从该规律，则称该对象数据集存在空间关系异常。例如，海洋鱼类对环境有一定趋向性，鱼类的聚集与温度有很大关系，从海洋表面向下，依照空间位置不同，海洋温度不同，鱼类聚集情况应该呈某种分布规律，若在某研究区域中，鱼类聚集情况没有依照这种规律变化，则表示存在空间关系异常。

（2）时间关系异常。若被研究的对象数据集依据时间关系应该符合某种规律，但是数据集中存在某对象数据没有依据时间关系遵从该规律，则称该对象数据集存在时间关系异常。例如，海洋风暴潮来临时，随着时间推移，海水增水量不断上升，然后下降，但是如果在某研究区域风暴潮来临后增水量未升反降，则表示存在时间关系异常。

（3）时空关系异常。若被研究的对象数据集依据时空关系应该符合某种规律，但是数据集中存在某对象数据没有依据时空关系遵从该规律，则称该对象数据集存在时空关系异常。例如，某海岸区域，在过去的30年海岸侵蚀情况逐年加剧，但是从该区域去年的监测情况来看，海岸侵蚀情况明显好转，则表示存在时空关系异常。

2）时空异常检测方法

常见的时空异常检测方法包括：基于统计的异常检测方法、基于距离的异常检测方法、基于密度的异常检测方法和基于规则和模式的异常检测方法等。

（1）基于统计的异常检测方法。利用标准的统计分布方法来检测异常数据。依据时空对象数据集的特点，假设数据符合某个分布模型，那些不服从分布模型定义的时空对象数据就是异常点。这种方法的优点是建立于成熟的统计学理论基础之上，只要给出分布模型，发现异常点的过程相对就比较简单。但是，这种方法总是需要预先假设时空对象数据符合某种分布模型，如果模型选择不合适，异常检测的结果就可能出现偏差。

（2）基于距离的异常检测方法。通过计算时空对象数据间的距离来发现异常点的方法。可以具体描述为在数据集 S 中，至少存在 p 个对象与对象 O 的距离大于 d，则对象 O 是基于距离的与参数 p 和 d 相关的异常点。这种基于距离来发现异常点的方法是目前使用比较普遍的异常点检测方法。但是，基于距离的异常检测方法存在一定的缺陷，当数据维度较高时，若时空对象数据空间具有稀疏性，则距离就无法给出合理的解释。因此，该方法适用于数据维度不高的异常点检测。

（3）基于密度的异常检测方法。综合考虑时空对象数据间的距离以及某个范围域内时空对象的数量（即密度）来发现异常点的方法。由于基于距离的异常检测方法提出了同一个 p 和 d 参数，因此利用该方法对密度不同的区域进行检测会有问题。基于密度的异常检测方法可以体现出局部不同,因此相对基于距离的异常检测方法更易于发现局部异常。

(4)基于规则和模式的异常检测方法。从大量的时空对象数据中提取出相关的规则和模式,然后依据这些规则和模式,检测出异常点。提取规则和模式的主要方法包括关联分析、序列模式分析、分类分析和聚类分析。利用已有的时空对象数据进行训练,其中包含正常时空对象数据和异常时空数据,通过对正常时空对象数据进行训练建立正常行为模式,再利用得到的规则和模式实现异常点的检测。

4.2.5　监督分类与非监督分类分析

监督分类与非监督分类分析是遥感影像分析的重要手段。如果已知训练样本数据,依据该数据获得特征,建立分类器进行分类的分析方法称为监督分类分析方法。反之,如果没有先验样本,无法知道特征,仅依据像元间相似度的大小进行归类合并的分类方法称为非监督分类分析方法。监督分类的主要方法包括贝叶斯分类法、神经元网络分类法、模糊分类法和最小距离分类法等。非监督分类的主要方法包括动态聚类、模糊聚类、系统聚类和混合距离分类法等。

利用监督分类与非监督分类分析方法对海洋遥感影像进行分类,是有效利用海洋遥感影像数据的前提。例如,可以利用神经元网络分类法,基于海洋遥感影像,对滩涂湿地资源变化进行分析,提取特征分布模式,对影像进行分类,完成河口滩涂冲淤变化分析。

4.3　海洋大数据的质量控制

海洋数据是海洋信息化的基础,目前,海洋数据的获取手段种类繁多,采集周期逐渐缩短,数据类别多种多样,海洋数据的"量"正在急剧增长,可以说海洋数据已经成为大数据的典型。然而,海洋数据质量良莠不齐,因此准确、可信且高质量的海洋数据对于海洋信息化的发展有着极其重要的意义。面向来源多样性、形式多样化且具有空间相关性的海洋数据,如何基于其生命周期,从海量数据(批量)中选择"适量的样本数据"(样本量),并根据海洋数据质量元素的应用精度要求给出"合理的质量判定"(接收数),是海洋大数据质量控制的首要问题。

4.3.1　海洋大数据的生命周期

随着观测技术的发展,海洋数据的获取来源发生了质的变化,包括空中监测平台,地面、海面监测平台,海底监测平台(水下传感器)等,空天地底海洋立体观测网已逐步建立。

海洋数据从获取到投入使用,需经历预处理、存储、质量检验、应用等各个阶段,图4-7给出了以"数据→信息→知识→应用"为总线的海洋数据的生命周期图,为后期海洋数据质量检验中的错误数据来源追溯提供了一个检查基础。

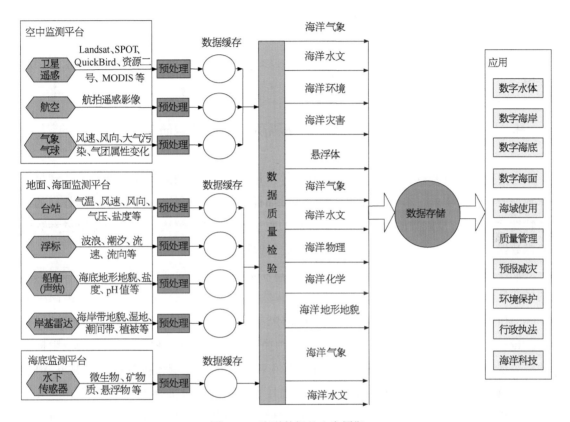

图4-7 海洋数据的生命周期

由图4-7可以看出,海洋数据具有海量、多源、多维、动态、空间相关、异构等特征。通过分析不难发现,如何对不同来源的海洋数据进行质量检验是海洋数据投入应用的关键环节。

4.3.2 海洋大数据的质量要素

由海洋数据的生命周期可以看出,海洋数据从采集到应用主要分为四个阶段。由于海洋数据获取手段的多样性以及其应用的广泛性,海洋数据质量要求与精度要求在不同阶段表现出多样化的需求,故需针对不同阶段的特点和应用目的分别确定海洋数据的质量元素和权重系数。

第一个阶段是数据获取,含空中监测平台(各种航空、航天卫星等)、地面监测平台(例如台站、浮标、地面雷达等)、海底监测平台(水下机器人、水下传感器等)以及历史及调研数据等。多样化的海洋数据获取手段是造成海洋数据质量问题的最主要原因,主要包括格式不一致性、粒度不统一性、数据缺失、精度不确定、实体不一致性等。第二个阶段是数据预处理,包括数据的匹配、模式的转化等,数据预处理会产生拓扑关系不一致性、定位的不准确性、数据的缺失等质量问题。第三个阶段是数据存储,数据的安全性问题是该阶段的关注重点,产生的质量问题较少。拟搭建混合云平台,对海洋大数据进行存储管理。第四个阶段是数据分析应用,海洋数据分析结果的精度是该阶段的焦点,是影响数据有效利用的关键。

4.3.3　面向多模态海洋大数据的模糊质量评估模型研究

海洋数据具有海量、多源、多类及不确定等质量特性,传统的质量评估理论无法满足海洋数据质量评估需求。本节将海洋大数据组批抽样进行质量评估,同时根据海洋数据的质量特性,引入梯形模糊数的思想,建立了优化的质量评估模型,解决具有不确定质量参数的海洋数据质量评估问题,从而完善质量评估模型的理论体系。

抽样检验(sampling inspection)是实施质量评估的重要手段之一,其原理是“用尽量少的样本量来尽量准确地评判总体(批)”,使检验费用和检验精度达到一种平衡。美国学者Dodge 和 Roming[21]是现代抽样检验理论的创始人,首次推导了一次、二次抽样模型;Eleftherion 等[22]通过控制检验费用设计了连续抽样检验模型;Jamkhaneh[23]利用极限提名抽样对现有的质量抽样检验模型进行了改进,在较小样本量或较大接收数的情况下,得到了比简单随机抽样更好的效果;Aslam 等[24]推导了优化的跳批抽样检验模型;Sampath[25]利用遗传算法推导了质量抽样检验模型中样本量和接收数之间的关系。通过上述分析,可以发现质量抽样检验理论不是一个新的概念,其具有较为成熟的发展。但是这些理论多基于传统的工业产品,工业产品具有稳定的生产环境、明确的检验单位以及一致的质量特性,而海洋数据多源、多类、多维、异构等质量特性,使得现有的研究方法很难满足海洋数据的质量检验要求。

1) 海洋大数据的模糊质量评估模型

(1) 梯形模糊数。设 $\tilde{A}$ 是论域 U 上的一个模糊子集,若存在

$$\mu_A(x) = \begin{cases} \dfrac{x-a}{b-a} & (a \leqslant x < b) \\ 1 & (b \leqslant x < c) \\ \dfrac{d-x}{d-c} & (c \leqslant x \leqslant d) \\ 0 & (\text{其他}) \end{cases} \qquad (4-8)$$

则称$\widetilde{A}$为论域U上的梯形模糊数,记$\mu_A(x) =$ (a, b, c, d),其中$a < b < c < d$,$[a, d]$为$\widetilde{A}$的支撑区间,$[b, c]$为$\widetilde{A}$的峰值区间,如图$4-8$所示。当$a = b = c = d$时,$\widetilde{A}$转变为普通的实数。

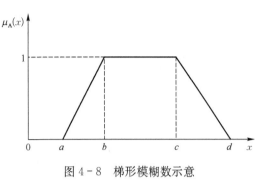

图$4-8$ 梯形模糊数示意

模糊子集$\widetilde{A}$的α-截集表示为

$$\widetilde{A}_\alpha = [(b-a)\alpha + a, d + (c-d)\alpha] \tag{4-9}$$

式中,$\alpha \in [0, 1]$为置信系数。

(2) 质量评估模型的接收概率。对海洋数据进行质量评估,其结果是:该批海洋数据为合格数据,或该批海洋数据为不合格数据。记海洋数据的质量评估模型为$S(N, n, d, c)$,其中N为海洋数据的批量(即数据量的总体大小),n为对海洋数据进行质量评估所需的样本量,d为海洋数据中具有质量问题的数据个数,c为质量评估判定参数,即接收数。若$d \leq c$,即该批海洋数据中具有质量问题的数据个数小于或等于质量评估的判定参数,则该批海洋数据为合格数据;若$d > c$,即该批海洋数据中具有质量问题的数据个数大于质量评估的判定参数,则该批海洋数据视为不合格数据。

基于泊松分布,海洋数据质量评估模型的接收概率为

$$L(\widetilde{p}) = \sum_{d=0}^{c} \frac{\widetilde{\lambda}^d}{d!} e^{-\widetilde{\lambda}} \tag{4-10}$$

式中,$\widetilde{\lambda} = n\widetilde{p}$,$\widetilde{p}$表示待评估海洋数据的模糊不合格品率,为海洋数据中具有质量问题的数据个数所占比例。

(3) 质量评估模型的OC曲线。以海洋数据的模糊不合格品率$\widetilde{p}$为横坐标,以海洋数据质量评估模型的接收概率$L(\widetilde{p})$为纵坐标,对于一系列的$\widetilde{p}$值,将点$(\widetilde{p}, L(\widetilde{p}))$描绘在坐标平面上,并把这些点用一曲线连接起来,该曲线称为质量评估模型$S(N, n, d, c)$的特性曲线,简称OC曲线[26]。基于模糊数的海洋数据质量评估模型特征曲线为包含两根OC曲线的一个条带,简称OC-band,如图$4-9$所示。

如图$4-9$所示,OC-band的上边界线称为上限模糊质量评估模型的OC曲线;下边界线称为下限模糊质量评估模型的OC曲线。OC-band的宽度由质量评估模型中参数的模糊强度确定,例如梯形模糊数中的a、b、c、d。随着质量参数不确定性的减弱,OC-band的宽度也随之减小;当质量参数的不确定性消失,即模糊参数变为确定参数,模糊质量评估模型转化为确定质量参数的质量评估模型。

(4) 模糊质量评估模型。在海洋数据实施质量评估前,给出该海洋数据批的模糊不合格品率$\widetilde{p}_0$。若待评估海洋数据的不合格品率低于或等于这个值,则该海洋数据批达到质量要求。当待评估海洋数据的质量水平等于或优于$\widetilde{p}_0$时,其判为不合格的概率应不大于α,即质量评估模型的接收概率不小于$1-\alpha$。满足该要求的质量评估模型,其OC-band需包含点$(\widetilde{p}_0,$

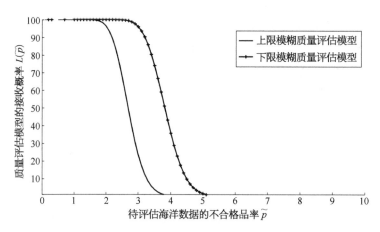

图 4-9 质量评估模型的特性曲线

$1-\alpha$)。通过控制模糊质量评估模型的接收概率上、下限,使其包含点$(\tilde{p}_0, 1-\alpha)$,且模糊质量评估模型中接收数 c 和样本量 n 均为整数,则该海洋数据质量评估的模糊非线性规划模型为

$$\min_{n} \varepsilon^2$$

$$\text{s. t.} \sum_{d=0}^{c} \frac{n\tilde{p}^d}{d!} \mathrm{e}^{-(n\tilde{p})} - (1-\alpha) = \varepsilon \qquad (4-11)$$

$$0 \leqslant c \leqslant n-1$$

式中,n 为样本量;$\tilde{p}$ 为模糊不合格品率;ε 为接收概率的残差平方和。

2) 实例分析

以某海域调查数据为例,该海域共有 8 个观测站(包括台站、浮标),各观测站准实时提供流速、水温、盐度以及潮汐等海洋观测数据,见表 4-3。因各观测站的设备、技术人员的熟练程度、实际环境等因素的不同,各站点所提供海洋数据的质量特性存在较大差异。据统计,该海域海洋数据的不合格品率在 0.02~0.03 上下波动。在对该海域进行质量评估的过程中,将其不合格品率抽象为梯形模糊数,基于模糊质量评估模型对其质量精度进行评定。

表 4-3 观测站某一时刻提供的数据类型

数据类型	流速 (m/s)	水温 (℃)	盐度 (‰)	潮汐 (mm)	气温 (℃)	风速 (m/s)	风向
观测值	4.10	5.98	18.24	374	19.40	10.20	ENE

(1) 模糊质量评估模型。将不确定的海洋数据不合格品率抽象为一个模糊数 $\tilde{p}$,则根据梯形模糊数理论,该模糊不合格品率为

$$\tilde{p} = (0.01, 0.02, 0.03, 0.04) \qquad (4-12)$$

该梯形模糊不合格品率的 α-截集为

$$\tilde{p}[\alpha] = [0.01 + 0.01\alpha, 0.04 - 0.01\alpha] \qquad (4-13)$$

基于离散模糊泊松分布,该模糊质量评估模型的接收概率为

$$L(\tilde{p})[\alpha] = [L(\tilde{p})^{\mathrm{L}}[\alpha], L(\tilde{p})^{\mathrm{U}}[\alpha]] \qquad (4-14)$$

式中,$L(\tilde{p})$ 为模糊质量评估模型的接收概率;$L(\tilde{p})^{\mathrm{L}}$ 和 $L(\tilde{p})^{\mathrm{U}}$ 分别为模糊下限和模糊上限的接收概率。

$$L(\tilde{p})^{\mathrm{L}}[\alpha] = \min\left\{ \sum_{d=0}^{c} \frac{\tilde{\lambda}^d}{d!} \mathrm{e}^{-\tilde{\lambda}} \mid \tilde{\lambda} \in \tilde{\lambda}[\alpha] \right\}$$
$$L(\tilde{p})^{\mathrm{U}}[\alpha] = \max\left\{ \sum_{d=0}^{c} \frac{\tilde{\lambda}^d}{d!} \mathrm{e}^{-\tilde{\lambda}} \mid \tilde{\lambda} \in \tilde{\lambda}[\alpha] \right\} \qquad (4-15)$$

式中,$\tilde{\lambda} = n\tilde{p}$。

(2) 结果与分析。将该海域的海量海洋数据分批次进行质量检验,尽量避免百分比抽样检验中"大批量过宽,小批量过严"的缺陷[27]。在该实验中,分别抽取了待检验海洋数据批的 10%、20%、30% 作为样本进行质量评估。基于式(4-11)推导了不合格品率为梯形模糊数情况下,8 个观测点的模糊质量评估模型。

表 4-4～表 4-6 分别给出了抽样比为 10%、20%、30% 时模糊质量评估模型的各参数,其中,N 为批量;n 为样本量;c_1、c_2、c_3、c_4 分别为评估模型的接收数,c_1 基于梯形模糊不合格品率的上限模糊质量评估模型的接收数,c_4 为基于梯形模糊不合格品率的下限模糊质量评估模型的接收数,c_2、c_3 为梯形不合格品率转变为确定数时的概率质量评估模型的接收数。以观测站 Z_1 为例,图 4-10～图 4-12 分别比较了抽样比为 10%、20%、30% 时,上、下限模糊质量评估模型与概率优化质量评估模型的 OC 曲线。

表 4-4 8 个观测点的模糊质量评估模型(抽样比 10%)

观测站	批量	样本量	质量评估模型的接收数			
	N	n	c_1	c_2	c_3	c_4
Z_1	7 560	756	12	22	31	40
Z_2	15 120	1 512	22	40	57	74
Z_3	5 040	504	9	16	22	28
Z_4	3 780	378	7	12	17	22
Z_5	10 080	1 008	16	28	40	51
Z_6	7 560	756	12	22	31	40
Z_7	6 048	605	10	18	25	33
Z_8	4 320	432	8	14	19	24

表 4-5　8 个观测点的模糊质量评估模型(抽样比 20%)

观测站	批量 N	样本量 n	质量评估模型的接收数			
			c_1	c_2	c_3	c_4
Z_1	7 560	1 512	22	40	57	74
Z_2	15 120	3 024	40	74	107	139
Z_3	5 040	1 008	16	28	40	51
Z_4	3 780	756	12	22	31	40
Z_5	10 080	2 016	28	51	74	96
Z_6	7 560	1 512	22	40	57	74
Z_7	6 048	1 210	18	33	46	60
Z_8	4 320	864	14	24	35	44

表 4-6　8 个观测点的模糊质量评估模型(抽样比 30%)

观测站	批量 N	样本量 n	质量评估模型的接收数			
			c_1	c_2	c_3	c_4
Z_1	7 560	2 268	31	57	82	107
Z_2	15 120	4 536	57	107	145	137
Z_3	5 040	1 512	22	40	57	74
Z_4	3 780	1 134	17	31	44	57
Z_5	10 080	3 024	40	74	107	139
Z_6	7 560	2 268	31	57	82	107
Z_7	6 048	1 815	25	46	67	87
Z_8	4 320	1 296	19	35	49	64

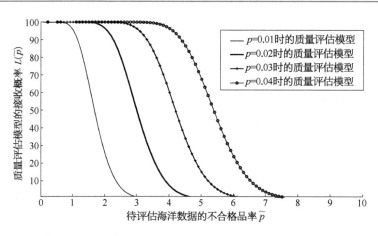

图 4-10　模糊质量评估模型和概率质量评估模型的 OC 曲线比较(抽样比 10%)

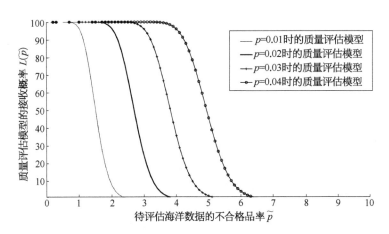

图 4-11　模糊质量评估模型和概率质量评估模型的 OC 曲线比较(抽样比 20%)

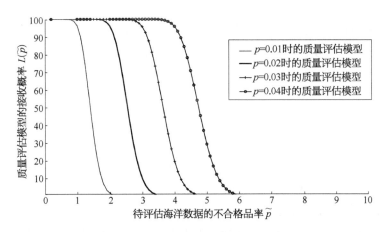

图 4-12　模糊质量评估模型和概率质量评估模型的 OC 曲线比较(抽样比 30%)

由表 4-4～表 4-6 和图 4-10～图 4-12 可以看出:

① 基于模糊不合格品率,可推导出两端点模糊质量评估模型,即上、下限模糊质量评估模型。以抽样比为 10% 的 Z_1 观测站为例,其上限模糊质量评估模型为 $S(7\,560,756,12)$,接收数为 12;下限模糊质量评估模型为 $S(7\,560,756,40)$,接收数为 40。即因该海洋数据具有不确定的不合格品率,其质量评估模型的接收数可在 12～40 间选取。

② 基于不确定不合格品率的模糊质量评估模型是具有明确不合格品率质量参数的质量评估模型的扩充,其可涵盖模糊不合格品率的所有变化情况。即上、下限模糊质量评估模型的接收数区间涵盖了其不合格品率为确定参数(0.02 或 0.03)时的概率抽样检验模型。

③ 不同模糊不合格品率的模糊质量评估模型,其辨别率亦不同。即上限模糊质量评估模型具有最强的辨别力,而下限模糊质量评估模型其辨别力最弱。用户在不确定不合格品率的情况下,可根据精度要求选择适当的质量评估模型。

4.4　海洋大数据的安全

4.4.1　海洋大数据安全的必要性

在信息时代,海洋数据通过全方位的采集和监控,已经形成了规模庞大的海洋大数据。海洋大数据中包含非常重要的战略与资源价值,因此海洋信息安全的建设是开发海洋、利用海洋、保护海洋、管控海洋的核心;尤其是在当前网络与信息安全问题层出的形势下,信息安全已经上升到国家安全的层面。2014 年初,中国工程院院士潘德炉提出"海洋信息安全"的概念,认为我国大力发展海洋信息的同时,应在信息采集、传输、存储、处理、发布等全生命周期各环节中保证海洋大数据的机密性、完整性、认证性、可控性、不可抵赖性,使海洋信息变得安全可控。要实现这一构想,海洋大数据相关的信息安全的理论与技术研究不可或缺。

1）海洋信息强国的重要保证

随着我国经济实力的提升以及对资源的迫切需求,海洋在国家经济社会发展格局中的作用更加凸显,在维护国家主权、安全、发展利益中的地位更加突出。因此,保持我国海洋实力的平稳有序发展至关重要。中共十八大报告提出,提高海洋资源开发能力,发展海洋经济,保护海洋生态环境,坚决维护国家海洋权益,建设海洋强国。海洋强国是指在开发海洋、利用海洋、保护海洋、管控海洋方面拥有强大综合实力的国家。而海洋大数据是发展海洋实力的核心价值,因此,海洋大数据安全的建设是建设我国海洋信息强国的重要保证,也是建设海洋强国的重要基础。

2）改变我国海洋信息技术相对落后局面的迫切需要

进入 21 世纪,国家中长期科技发展规划纲要以及国家海洋科技发展中长期规划纲要明确了我国从海洋大国向海洋强国转变的思路与步骤,首先于 2003 年 9 月批准开展近海海域综合调查与评价,以海洋信息化基础设施框架建设以及"数字海洋"建设为标志,开展了国家海洋信息化的实质化实施与运转,尤其是在 2006 年开始的国家海洋防灾减灾能力专项建设过程中开展了海洋立体监测网、数据传输网、海洋综合信息系统、海洋预警预报系统、风暴潮灾害辅助决策系统,海洋信息化工作已经超过十年,但是没有从整体上进行顶层设计,考虑到海洋数据的敏感性,国家海洋局明确各专网按照国家计算机网络等级保护三级的标准建设,专网之间采用物理隔离。但是国家没有专门开展海洋信息安全的相关关键技术的研究与应用工作,专网之间的物理隔离同样大大限制了海洋数据共享,与当前大数据时代的发展趋势不符。我国海洋信息安全技术相对落后,开展海洋大数据安全的研究,是改变我国海洋信息安全落后局面的迫切需要。

3) 我国现阶段"数字海洋"建设对信息安全技术的急切需求

我国"数字海洋"建设从近海海域综合调查与评价专项开始制定"数字海洋"基础信息框架,同时开展"数字海洋"示范区建设,配合两网三系统的建设,到"数字海洋"在沿海每一个省市全面展开,已经取得了一系列的成就。但是,当前"数字海洋"系统在信息安全领域的落后现状,导致没有能够真正实现资源的充分融合与共享,而是形成一系列海洋信息的"孤岛"。海洋大数据若没有先进的信息安全技术做保障,海洋的重要数据便得不到有效保护,"数字海洋"的作用也就不能充分体现。在海洋信息采集、传输、汇聚和发布等一系列环节中,均存在安全隐患。海洋数据采集与传输网络如图4-13所示,海洋数据的采集主要依靠各类传感器,数据的传输主要依靠卫星网络,但是由于其带宽低、速度慢、代价高等缺点,极大地制约了数据的传输与汇聚,更重要的是在无线数据传输过程中的安全性问题,一直没有受到很大重视。因此,我国现阶段"数字海洋"建设对信息安全技术有急切的需求。

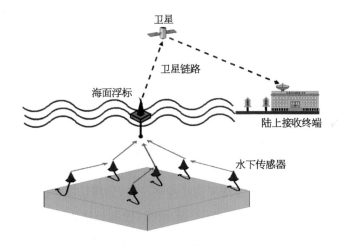

图4-13 海洋数据采集与传输网络

综上所述,网络和信息安全已牵涉国家安全和社会稳定,是我国面临的新的综合性挑战。尤其是在国家正大力建设海洋强国,全面实施海洋战略的背景下研究海洋大数据安全,对于提高我国海洋开发、控制和综合管理能力,提升我国在海洋信息安全领域国际影响与技术水平,更加具有重要的意义。

4.4.2 海洋大数据的安全需求

海洋大数据的安全,与传统的信息安全类似,从广义上说,包括了物理安全、网络安全、系统安全和数据安全四个方面的安全需求。

1）物理安全

物理安全是整个海洋网络系统信息安全的前提。物理安全也称实体安全,是指包括环境、设备和记录介质在内的所有支持信息系统运行的硬件设备的安全。物理安全的风险主要有：环境事故造成的整个系统毁灭;电源故障造成的设备断电以至操作系统引导失败或数据库信息丢失;设备被盗、被毁造成数据丢失或信息泄漏;电磁辐射可能造成数据信息被窃取或偷阅;报警系统的设计不足或失灵可能造成的事故等。

物理安全又分为设备安全和环境安全。信息网络都是以一定的方式运行在一些物理设备之上的,包括各种海洋大数据的采集传输设备、存储处理设备、推送发布设备的安全。保障物理设备的安全,就成为信息网络安全的第一道防线。设备安全技术主要是保障构成信息网络的各种设备、网络线路、供电连接、各种媒体数据本身以及其存储介质等安全的技术,主要包括设备的防盗、防电磁泄漏、防电磁干扰等,是对可用性的要求。所有的物理设备都是运行在以海洋为核心的物理环境之中的。物理环境安全是物理安全的最基本保障,是整个安全系统不可缺少和忽视的组成部分。环境安全技术主要是保障信息网络所处环境安全的技术,主要技术规范是对场地和机房的约束,强调对于海啸、地震、水灾、火灾等自然灾害的预防措施,包括场地安全、防火水、防静电、防雷击、电磁防护、线路安全等。

2）网络安全

网络拓扑结构设计也直接影响海洋大数据网络系统的安全性。在设计海洋信息网络时,有必要将公开服务器(Web、DNS、e-mail 等)和外网及内部其他业务网络进行必要的隔离,避免网络结构信息外泄;同时还要对外网的服务请求加以过滤,只允许正常通信的数据包到达相应主机,其他的请求服务在到达主机之前就应该遭到拒绝。具体的网络安全设计包括以下几个方面：

（1）访问控制。应在网络边界部署访问控制设备,启用访问控制功能;应能根据会话状态信息为数据流提供明确的允许/拒绝访问的能力,控制粒度为端口级;应对进出网络的信息内容进行过滤,实现对应用层 HTTP、FTP、TELNET、SMTP、POP3 等协议命令级的控制;应在会话处于非活跃一定时间或会话结束后终止网络连接;应限制网络最大流量数及网络连接数;重要网段应采取技术手段防止地址欺骗;应按用户和系统之间的允许访问规则,决定允许或拒绝用户对受控系统进行资源访问,控制粒度为单个用户;应限制具有拨号访问权限的用户数量。

（2）安全审计。应对网络系统中的网络设备运行状况、网络流量、用户行为等进行日志记录;审计记录应包括事件的日期和时间、用户、事件类型、事件是否成功及其他与审计相关的信息;应能够根据记录数据进行分析,并生成审计报表;应对审计记录进行保护,避免出现错误的删除、修改或覆盖等。

（3）边界完整性检查。应能够对非授权设备私自连到内部网络的行为进行检查,准确定位,并对其进行有效阻断;应能够对内部网络用户私自连到外部网络的行为进行检查,准确定位,并对其进行有效阻断;应能够对内部网络中出现的内部用户未通过准许私自连到外部网络的行为进行检查。

(4)入侵防范。应在网络边界处监视以下攻击行为:端口扫描、强力攻击、木马后门攻击、拒绝服务攻击、缓冲区溢出攻击、IP碎片攻击和网络蠕虫攻击等。当检测到攻击行为时,记录攻击源IP、攻击类型、攻击目的、攻击时间,在发生严重入侵事件时应提供报警。

3) 系统安全

系统安全是指整个网络操作系统和网络硬件平台是否可靠且值得信任。目前没有绝对安全的操作系统可以选择,无论是微软公司的 Windows 或者其他商用 UNIX 操作系统,开发厂商往往有后门程序。不但要选用尽可能可靠的操作系统和硬件平台,并对操作系统进行安全配置;而且必须加强登录过程的认证,确保用户的合法性。其次应该严格限制登录者的操作权限,将其完成的操作限制在最小的范围内。

(1)身份鉴别。应对登录操作系统和数据库系统的用户进行身份标识和鉴别;操作系统和数据库系统管理用户身份标识应具有不易被冒用的特点,口令应有复杂度要求并定期更换;应启用登录失败处理功能,可采取结束会话、限制非法登录次数和自动退出等措施;当对服务器进行远程管理时,应采取必要措施,防止鉴别信息在网络传输过程中被窃听;应为操作系统和数据库系统的不同用户分配不同的用户名,确保用户名具有唯一性。应采用两种或两种以上组合的鉴别技术对管理用户进行身份鉴别。

(2)访问控制。应启用访问控制功能,依据安全策略控制用户对资源的访问;应根据管理用户的角色分配权限,实现管理用户的权限分离,仅授予管理用户所需的最小权限;应实现操作系统和数据库系统特权用户的权限分离;应严格限制默认账户的访问权限,重命名系统默认账户,修改这些账户的默认口令;应及时删除多余的、过期的账户,避免共享账户的存在。应对重要信息资源设置敏感标记;应依据安全策略严格控制用户对有敏感标记重要信息资源的操作。

(3)安全审计。审计范围应覆盖服务器和重要客户端上的每个操作系统用户和数据库用户;审计内容应包括重要用户行为、系统资源的异常使用和重要系统命令的使用等系统内重要的安全相关事件;审计记录应包括事件的日期、时间、类型、主体标识、客体标识和结果等;应能够根据记录数据进行分析,并生成审计报表;应保护审计进程,避免出现意外的中断;应保护审计记录,避免遭到意外的删除、修改或覆盖等。

(4)残余信息保护。应保证操作系统和数据库系统用户的鉴别信息所在的存储空间,被释放或再分配给其他用户前得到完全清除,无论这些信息是存放在硬盘上还是内存中;应确保系统内的文件、目录和数据库记录等资源所在的存储空间,被释放或重新分配给其他用户前得到完全清除。

(5)入侵防范。应能够检测到对重要服务器进行入侵的行为,能够记录入侵的源IP、攻击的类型、攻击的目的、攻击的时间,并在发生严重入侵事件时提供报警;应能够对重要程序的完整性进行检测,并在检测到完整性受到破坏后具有恢复的措施;操作系统应遵循最小安装的原则,仅安装需要的组件和应用程序,并通过设置升级服务器等方式保持系统补丁及时得到更新。

(6) 恶意代码防范。针对病毒、木马等恶意程序,系统应安装防恶意代码软件,并及时更新防恶意代码软件版本和恶意代码库;主机防恶意代码产品应具有与网络防恶意代码产品不同的恶意代码库;避免使用盗版软件,支持防恶意代码的统一管理。

(7) 资源控制。应通过设定终端接入方式、网络地址范围等条件限制终端登录;应根据安全策略设置登录终端的操作超时锁定;应对重要服务器进行监视,包括监视服务器的CPU、硬盘、内存、网络等资源的使用情况;应限制单个用户对系统资源的最大或最小使用限度;应能够对系统的服务水平降低到预先规定的最小值进行检测和报警。

4) 数据安全

单纯的数据安全性涉及机密信息泄露、未经授权的访问、破坏信息完整性、破坏系统的可用性等。在海洋大数据中,往往会有海岸海岛、海流暗礁等涉及国防军事安全的机密信息以及海洋资源、海底矿产等经济资源,如果一些重要信息遭到窃取或破坏,它的经济、社会影响和政治影响将是很严重的。因此,对用户使用计算机必须进行身份认证,对于重要信息的通信必须授权,传输必须加密。采用多层次的访问控制与权限控制手段,实现对数据的安全保护;采用加密技术,保证网上传输信息的机密性与完整性。

(1) 数据完整性。应能够检测到系统管理数据、鉴别信息和重要业务数据在传输过程中完整性受到破坏,并在检测到完整性错误时采取必要的恢复措施;应能够检测到系统管理数据、鉴别信息和重要业务数据在存储过程中完整性受到破坏,并在检测到完整性错误时采取必要的恢复措施。

(2) 数据保密性。应采用加密或其他有效措施实现系统管理数据、鉴别信息和重要业务数据传输保密性;应采用加密或其他保护措施实现系统管理数据、鉴别信息和重要业务数据存储保密性。

(3) 备份和恢复。应提供本地数据备份与恢复功能,完全数据备份至少每天一次,备份介质场外存放;应提供异地数据备份功能,利用通信网络将关键数据定时批量传送至备用场地;应采用冗余技术设计网络拓扑结构,避免关键节点存在单点故障;应提供主要网络设备、通信线路和数据处理系统的硬件冗余,保证系统的高可用性。

4.4.3　海洋大数据面临的安全挑战

一般来说,海洋数据会经历采集与传输、存储与处理、发布与推送等过程。数据的采集主要依靠基于传感器的物联网,数据的传输主要依靠传感网的数据汇聚、移动船载节点的中继转发以及卫星通信,因此具有多源性的特点、传输频率和传输媒介的全覆盖特性,在这个过程中,多源数据带来安全差异性,传输频率和传输媒介亦带来安全的差异性。数据的存储与处理主要依靠云计算、超级计算机等提供大数据的处理服务,具有数据量大、数据差异性大、数据在线与固化处理、海洋信息应急存储等特点。在数据发布与推送阶段,面对海洋复杂数据,传统的数据发布与推送技术已经不能满足海洋数据的需求,海洋数据发布与推送具有实时性与安全性的特点。下面针对海洋信息的各个环节,详细讨论海洋信息安全的特点。

1）海洋大数据来源和种类的高复杂性

海洋数据根据其来源,可以分为空基、岸基、海基、海床基等多种差异化数据,各种数据中包含了重要的信息。如何保护不同来源的数据,成为海洋大数据的首要挑战问题。

（1）空基数据。空基数据根据获取渠道不同主要分为太空数据和航空数据两大类;根据数据类型可以分为原始空间遥感影像数据、基于GIS的空间遥感矢量图数据、基于合成孔径雷达的多波段专题要素数据等。空基数据为多精度、多比例尺、覆盖范围广的动态多维数据,数据量大(尤其是原始影像数据)。大比例尺数据,特别是敏感地区的大比例尺数据为涉密数据。

（2）岸基数据。岸基数据可以划分为岸基雷达扫描成像数据、岸基海洋站获得的海洋观测数据与海洋监测数据、利用数学模型拟合后的多维插值数据等。岸基雷达扫描成像数据量比较大,原始岸基观测数据或监测数据的数据量不大,但是经过空间插值拟合以后的多维分布观测数据或监测数据具有较大的数据量。连续长周期的观测/监测数据也是涉密数据(尤其是敏感区域)。

（3）海基数据。海基数据按照获取途径可以分为浮标数据、潜标数据、船测数据以及通过空间插值拟合以后的多维分布数据。单波束/多波束声呐成像数据与空间插值拟合多维数据具有较大的数据量,同样连续长周期的观测/监测数据也是涉密数据(尤其是敏感区域)。

（4）海床基数据。海床基数据包括海底观测数据与监测数据,具体包括海底水温、洋流、泥沙、金属/非金属、底栖生物等数据。

（5）其他的数据分类及类型。如果按照行业领域划分,海洋数据可以分为海洋物理数据、海洋化学数据、海洋生物数据、海洋经济与社会数据等。海洋物理数据又可以细分为海洋气象数据、海洋水文数据、海洋地形地貌数据、海洋地质数据、海洋地磁数据、海洋重力数据等;海洋化学数据包括含氧量、含盐量、pH值、总磷、总氮等;海洋生物数据包括海洋微生物、海洋植物、海洋动物等;海洋经济数据种类繁杂,基本上陆地所有产业行业在海洋中都有包含,具体包括海洋渔业(海水养殖业、远洋捕捞业)、海洋化工(海水淡化、海洋盐业)、海洋矿产(海底油气资源、金属资源、矿砂等)、海洋装备制造业、海洋运输业、海洋旅游业、海洋科技、海洋工程、海洋文化与教育等。

2）海洋大数据传输频率与媒介的全覆盖性

在海洋观测系统中，传感器节点将数据汇聚，通过移动的船载节点将数据存储并携带，再转发给其他的船载基站或岸上的服务器存储。在传输过程中，任何一个恶意的中间节点都可以发起攻击，包括伪造、篡改、复制或者泄露消息等，这使得海洋数据传输网络的安全需求与传统网络存在很大不同，并对海洋数据传输的安全机制设计提出了巨大的挑战：

（1）海洋信息传输频率的全覆盖。海洋数据采集与传输的设备包括声学采集设备（如声呐、水听阵列等）、电磁学采集设备（基于电磁波的通信设备）等。由于传统的电磁波在水体中传播速度较慢，而且衰减率很高，很难在海洋中实现电磁波的无线传输，需要信号的转换设备。

（2）海洋信息传输媒介的全覆盖。海洋数据采集与传输的媒介包括跳频通信、水听阵列、水中传输、水气相结合传输等，不仅包含在水体中的信息采集与传输，还包括数据在水体与空气之间的采集、传输与交换。由于传输媒介的不同，需要有传输信号的转换设备，以适应不同的传输媒介。

（3）海洋信息的采集与传输。由于海洋信息采集方式与信息内容的多样性，以及对安全要求的差异性，尤其是涉及大比例尺和长周期序列的敏感数据，其采集与传输环节存在严峻的挑战。把当前比较成熟的云安全技术应用到海洋信息的采集与传输环节，采用FPGA等固件，在浮标及海洋站前端，针对不同的数据，分别实现数据的压缩、缓存、加密、可靠传输等，尤其是简化的 VPN 与身份验证等技术。

3）海洋大数据存储与处理的超海量性

海洋数据的最大特征是数据量巨大。由于地球表面 70% 以上由海洋覆盖，通过空基、岸基、海基以及海床基采集的数据更是 PB 级以上。对于如此巨大的数据，给数据存储与处理提出了很高的要求，对数据的安全性提出了更深要求。海洋数据存储过程中，不得不考虑以下问题：

（1）数据存储的差异性大。海洋数据由于其采集方式的多样化，根据不同的采集设备，数据采集的频率不同，数据的差异性特别大，构成了复杂结构的海洋数据。

（2）数据固化在线处理。海洋数据的处理过程中，往往需要固化在线处理，即在数据采集后，及时完成校正数据、实时处理，按照先处理再发送步骤，完成数据的处理。

（3）海洋信息应急存储的安全性。海洋信息应急存储系统，需要在特殊的场景下，为了应对数据的在线处理和快速发布与推送，需要将信息进行存储。在应急存储的过程中，不能采取复杂的加密算法。

由于海洋信息来源的多样性以及地理分布的分散性等特点，采取分布式云技术来实现信息的存储与处理，在采集前端实现初步的质量控制与预处理及缓存，在数据中心实现本地多级存储备份，此外还需异地灾备；采用先进的海量大数据挖掘技术，对海洋信息实现深层次的挖掘处理，以获得更细致精确的关联关系，为海洋信息的深度应用与辅助决策奠定基础;采用成熟信息安全风险评估技术,对各个环节海洋信息可能存在的安全风险进行分析评价。

海洋大数据的安全与传统通信模式下的数据安全与隐私保护有显著不同,海洋大数据呈现出典型的结构性特征,包括"一对多"(一个用户存储,多个用户访问)、"多对一"或"多对多"等数据安全与隐私保护模式。从数据的业务流程上看,海洋大数据的处理可以分为数据访问服务、数据计算服务、数据共享服务和数据监管服务。因此,海洋大数据处理的安全挑战可以简单概括为"易共享、可计算、查得到、能监管"。

(1) 大数据的访问控制是实现数据共享的有效手段。海洋大数据可能用于不同的场景访问中,因此,海洋数据被多个不同用户、不同角色、不同密级的人进行访问,其访问控制需求也十分突出。传统的访问控制技术主要依赖于对数据库访问控制,一旦数据库管理者或者服务提供商出现了恶意行为,数据的访问控制将难以确保安全,从而对用户隐私和机密数据造成侵害。

(2) 海洋数据的计算分析是海洋大数据一个重要的应用。由于提供计算服务的大数据服务商不能被完全信任或者计算服务往往通过外包的方式进行,如何在实现数据隐私与机密性的前提下,依然能够实现数据的有效计算与分析,是海洋数据的重要需求。同时,能够克服目前已有同态算法效率低下的缺陷,提高计算与分析的效率,保证数据的有用性。

(3) 在海洋数据共享与分发过程中,由于用户/节点的密钥可能被有意或无意泄露,导致数据被泄露或非法窃取,无法实现云环境下数据共享和分发机制的健康运行。由于现代密码技术往往仅依赖于密钥的安全性,如果无法对泄露者的密钥进行追踪和撤销,数据的安全体系可能会整体瓦解。

(4) 对海洋数据监管是保证海洋大数据安全的又一重要手段。在数据存储、计算、共享与分发的过程中,恶意的用户可能会插入伪造数据,无意的用户可能会插入错误数据,如果缺少有效的监管监控,即拦截与删除违法信息、减少和降低冗余开销、检验存储内容完整性、验证计算结果的正确性等手段,都有可能导致数据利用环节出现问题。

4) 海洋大数据发布与推送的实时性

海洋信息的价值也在于服务,针对不同等级的用户,根据其权限,采取基于混合云的海洋信息发布与服务推送技术,实现海洋信息的智能化发布与服务;利用信息安全保障技术,从防火墙、入侵检测、身份认证等各个层面对海洋信息进行全方位的安全防护,并对安全风险评价结果制定相应的安全措施予以应对。

在数据发布与推送阶段,面对海洋大数据的复杂性,传统的数据发布与推送技术已经不能满足海洋数据的需求,海洋数据发布与推送具有实时性与真实性的特点。

海洋数据的发布,尤其是灾难信息(如赤潮、海啸)等数据的发布,需要及时迅速,这对海洋大数据的发布实时性提出了更高的要求,特别是对海量的海洋数据,做出快速的处理与判断,及时发布海洋信息,具有重要的意义。

发布海洋信息时,还需要考虑发布与推送信息的真实性。针对数据处理的结果,需要进行准确的判断与分析,避免因为误报信息,引起不必要的慌乱与紧张。同时,要防止恶意用户虚假伪造的信息进入发布与推送平台,需要进行信息源的认证与鉴别。

4.4.4　海洋大数据安全的关键技术

海洋大数据的安全与传统的点对点通信模式下的数据安全和隐私保护有显著不同[28],导致传统的数据安全和隐私保护技术在海洋大数据环境中受到严重制约。因此,面向海洋大数据,需要从数据传输安全、存储安全、访问安全、计算安全、共享安全、监管安全六个方面,研究与开发数据安全和保护技术。

1) 海洋数据的传输安全技术

在海洋观测系统中,传感器节点将数据汇聚,通过移动的船载节点将数据存储并携带,再转发给其他的船载基站或岸上的服务器存储。在传递过程中,将数据的认证信息(如签名)进行有效聚合,从而减少通信带宽。网络中的每个节点对前面 n 个签名进行聚合验证,对自己管理的片段进行签名并传递给下一个节点,签名的个数随着网络中节点个数增加而线性递增。聚合签名[29]能有效解决此类系统存在的认证信息膨胀问题,能有效降低系统的时间和空间开销,提升系统的实现效率,尤其适合于传感器等资源受限的海洋设备。

2) 海洋数据的存储安全技术

在海洋数据存储中,现有的存储安全依赖于服务器/节点的安全或节点本身的可信性;为了改变这种现状,单纯的明文存储数据已经不能满足数据的安全需求,需要进一步地研究基于密文的数据存储技术,来抵抗节点管理者或敌手对数据的窃取或篡改[30]。此外,为了减少单一管理者的恶意行为而带来的数据损失,将数据存储和访问的管理权交予多个不同的管理者,既保证数据的备份安全,又达到了分布式存储安全的目的。在密文存储结构中,对数据进行完整性检验和数据存储证明技术。因此,需要支持密文存储技术来最终保护海洋大数据的存储安全[31]。

3) 海洋数据的访问安全技术

在海洋数据访问中,海洋数据被多个不同用户、不同角色、不同密级的人进行访问,传统对明文的访问控制技术主要依赖于对数据库访问控制,难以对非可信的大数据平台实施基于密文的访问控制。采用基于密文存储技术后,需要支持密文存储检索技术、支持细粒度访问技术、支持"与、或、非"逻辑功能的灵活丰富访问技术和基于密文存储数据的索引技术、搜索技术等的数据隐私保护技术[32]来实现访问安全。

4) 海洋数据的计算安全技术

在海洋数据计算分析中,由于提供计算服务的大数据服务商不能被完全信任或者计算服务往往通过外包的方式进行,计算分析功能所需要的输入/输出均应以密文形式进行传递;需要研究在密文存储的基础上实现密文的直接计算,而不是将密文进行解密后再计算[33,34]。在海洋数据计算分析过程中,需要支持密文存储的线性方程组求解技术、数据分析与挖掘技术、图像处理技术等,全同态加/解密等数据隐私保护技术来实现计算安全。

5) 海洋数据的共享安全技术

海洋数据共享依赖于用户的密钥,确保云环境下基于密文存储的数据共享和分发机制的健康运行,必然需要支持数据泄露时可追踪技术、访问权限撤销技术等数据隐私保护技术来实现共享安全[35]。同时,在面对海量数据时,需要支持密文存储数据的批量共享与分发技术,研究海洋大数据隐私方案的优化和高效实现技术,提高数据批量处理能力。

6) 海洋数据的监管安全技术

在海洋数据监管中,为了保证数据的有用性,数据存储、计算与共享的过程中,需要有效的监管监控技术[36,37],即拦截与删除违法信息技术,减少和降低冗余开销技术,存储内容完整性检验技术,计算结果正确性验证技术,敏感信息提炼挖掘技术等。在监管监控时,还需要对用于个人隐私保护和大数据监管监控进行协调处理。因此,需要有效的监控技术与监管手段来实现监管安全。

◇ 参 ◇ 考 ◇ 文 ◇ 献 ◇

[1] 云计算关键技术[EB/OL]. http://zhidao. baidu. com/question/320599147html,2011. 9.

[2] 王鹏. 走进云计算[M]. 北京:人民邮电出版社,2009.

[3] 王鹏. 云计算的关键技术与应用实例[M]. 北京:人民邮电出版社,2010.

[4] 吴朱华. 云计算核心技术剖析[M]. 北京:人民邮电出版社,2011.

[5] IT 中国云安全[EB/OL]. http://www. search. security. com. cn,2010 - 03 - 30/2010 - 06 - 30.

[6] 孙建. 中国区域技术创新绩效计量研究[D]. 重庆:重庆大学,2012.

[7] Isard W. Methods of regional analysis:an introduction to regional science [M]. Massachusetts: Massachusetts Institute of Technology Press,1994.

[8] Goodchild M, Haining R, Wise S. Integrating GIS and spatial data analysis: problems and

possibilities [J]. Geographical Information Systems，2007，6(5)：407－423.

[9] 夏军.基于数据空间融合的全局计算与数据划分方法[J].软件学报,2004,15(9)：1311－1126.

[10] 罗培峪.基于空间相关性的超短期风速预测方法与应用[D].湘潭：湘潭大学,2012.

[11] 曹志冬,王劲峰,高一鸽.广州 SARS 流行的空间风险因子与空间相关性特征[J].地理学报,2008,63(9)：981－993.

[12] 赵春雨.高性能并行 GIS 中矢量空间数据存取与处理关键技术研究[D].武汉：武汉大学,2006.

[13] 周艳朱,张叶廷.基于 Hilbert 曲线层次分解的空间数据划分方法[J].地理与地理信息科学,2007,23(4)：13－17.

[14] 乔欢.时间序列降维和相似性匹配方法研究[D].上海：上海海洋大学,2013.

[15] 黄冬梅,廖娟.时间序列相似匹配算法在数字海洋风暴潮辅助决策系统中的研究[J].海洋环境科学,2012,31(5)：746－749.

[16] 金璐.云模型在时间序列预测中的应用研究[D].成都：电子科技大学,2014.

[17] 雷苗彭,彭喜元.面向混沌时间序列预测的隐式特征提取算法[J].仪器仪表学报,2014,35(1)：1－7.

[18] 孙东.赤潮多源监测数据处理与综合预测预报方法研究[D].上海：上海交通大学,2009.

[19] 刘大有.时空数据挖掘研究进展[J].计算机研究与进展,2013,50(2)：225－239.

[20] 邓敏,刘启亮,王佳璆,等.时空聚类分析的普适性方法[J].中国科学：信息科学,2012,42(3)：111－124.

[21] Dodge H, Romig H. Single sampling and double sampling inspection tables [J]. The Bell System Technical Journal，1941，20(1)：1－61.

[22] Eleftherion M, Farmakis N. Continuous sampling plan under quadratically varying acceptance cost [C]. The 8th international conference on Applied Stochastic Models and Data Analysis，Vilnius，Lithuania，2009：289－293.

[23] Jamkhaneh E, Sadeghpour B, Yari G. Acceptance single sampling plan with fuzzy parameter with the using of Poisson distribution [J]. World Academy of Science，Engineering and Technology，2009，49(2)：1017－1021.

[24] Aslam M, Jun C, Ahmad M. Optimal designing of a skip lot sampling plan by two point method [J]. Pakistan Journal of Statistics，2010，26(4)：585－592.

[25] Sampath S, Deepa S. Determination of optimal double sampling plan using genetic algorithm [J]. Pakistan Journal of Statistics and Operation Research，2012，8(2)：195－203.

[26] Govindaraju K, Balamurali S. Chain sampling plan for variables inspection [J]. Journal of Applied Statistics，1998，25(1)：103－109.

[27] 刘大杰.GIS 数字产品质量抽样检验方案探讨[J].武汉测绘科技大学学报,2000,24(4)：348－361.

[28] Cao Z. New directions of modern cryptography [M]. CRC Press，2012.

[29] Boneh D, Lynn B, Shacham H, et al. Aggregate and verifiable encrypted signatures from bilinear maps [C]. In EUROCRYPT，2003：1－16.

[30] Wei L, Zhu H, Cao Z, et al. Security and privacy for storage and computation in cloud computing [J]. Information Sciences，2014，25(8)：371－386.

[31]　Wang C, Chow S, Wang Q, et al. Privacy-preserving public auditing for secure cloud storage [J]. IEEE Transactions on Computers, 2013, 62(2): 362 – 375.

[32]　Li M, Yu S, Ren K, et al. Toward privacy-assured and searchable cloud data storage services [J]. IEEE Network, 2013, 27(4): 56 – 62.

[33]　Shen E, Waters B. Predicate privacy in encryption systems [C]. In The Theory of Cryptography Conference, 2009: 457 – 473.

[34]　Wang C, Ren K, Wang J, et al. Harnessing the cloud for securely outsourcing large-scale systems of linear equations [J]. IEEE Transactions on Parallel and Distributed Systems, 2013, 24(6): 1172 – 1181.

[35]　Li M, Yu S, Ren K, et al. Scalable and secure sharing of personal health records in cloud computing using attribute-based encryption [J]. IEEE Transactions on Parallel and Distributed Systems, 2013, 24(1): 131 – 143.

[36]　Ning J, Cao Z, Dong X, et al. Large universe ciphertext-policy attribute-based encryption with white-box traceability [C]. In European Symposium on Research in Computer Security, Wroclaw, Poland, September, 2014: 6 – 11.

[37]　Liu Z, Cao Z, Wang D. Blackbox traceable CPABE: how to catch people leaking their keys by selling decryption devices one Bay [C]. ACM Conference on Computer and Communications Security, 2013: 475 – 486.

第5章

海洋大数据在上海风暴潮灾害
辅助决策系统中的应用

　　随着上海建设国际金融中心和国际航运中心"两个中心"发展策略的实施,公共安全和防灾减灾被赋予了更高的要求。台风、暴雨、洪水等灾害的监测、预警、应急处置关键技术和灾害风险评估技术的改进和创新也更加重要。南汇作为上海市防御台风灾害的前沿阵地,其风暴潮预测得准确与否不仅关系着上海的经济财产损失,而且关乎生命安全。

　　基于上海南汇地区近海海域最新地形数据资料,建立了三维天文潮-风暴潮-海浪耦合数值预报系统。主要工作包括:搭建 Spark 并行架构体系,为多维超长时空序列的海洋灾害数据的处理提供强有力的支持;引入台风路径预报技术,开展南汇地区临港海域风暴潮形成的预报技术应用研究;对历史上影响南汇地区较大的风暴过程进行逐一后报反演,并基于数值计算结果进行近岸主要岸段风暴增水和海浪重现期值分析;融合风暴潮集合预报技术,将原有传统的风暴潮单一路径预报提升为多条路径预报系统;利用 MATLAB 仿真技术建立风暴潮增水可视化动态画面,利用二、三维联动可视化真实刻画风暴增水的物理过程,尝试与信息决策系统接口,并且在将原有的城市风暴潮灾害辅助决策系统升级到支持 Spark 云环境平台的基础上,进行了动态快速展示。

5.1　云计算平台下海洋大数据应用框架

5.1.1　基于 Spark 的云计算平台

　　在互联网时代,数据量呈指数级增长,大数据时代正式到来。而海洋数据属于典型的大数据,随着海洋数据获取手段由传统的人工观测到如今高新信息技术的观测、监测设备的革命性变化,近年来以卫星遥感数据为代表的海洋数据呈现爆炸性的增长,如利用传感器对海洋进行远距离非接触观测的卫星遥感数据;利用机载航空摄影测量设备实现精细化的多要素数据获取的航空遥感数据;定点的海洋环境要素数据;相应的重点海洋要素数据及走航轨迹分布规律的调查数据;装载各种传感器设备获得重点区域的主要海洋要素数据;利用超声波无线通信手段获得某区域内的海底多要素数据等。海洋大数据的特点包括数据规模巨大、数据类型繁多和超长时间序列等[1]。

　　图 5-1 为我国国家卫星海洋应用中心每年发布的《中国海洋卫星应用报告》[2]中 HY-1B 卫星和 HY-2A 卫星每年存档的数据量柱状图,可以看出,海洋数据的增长近年来非常迅猛。

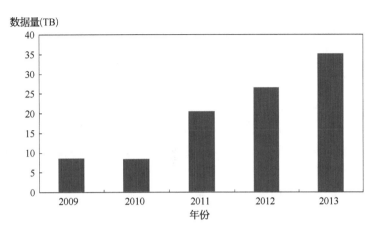

图 5-1　2009—2013 年海洋卫星存档数据量

为了对海量数据进行存储、计算和挖掘,基于云计算、内存计算的各种高性能系统不断革新,例如现已广泛使用的高级集群编程模型,如 MapReduce 和 Dryad。这些系统将分布式编程简化为自动进行位置调度、提供容错及负载均衡机制,使得大量用户能够在商用集群上分析超大数据集[3]。

Hadoop 是一个能够对大量数据进行分布式处理的软件框架,它的 MapReduce 编程模式是最具代表性的批处理模式。MapReduce 的核心设计思想在于:① 将问题分而治之;② 把计算推送到数据而不是把数据推送到计算,有效地避免数据传输过程中产生的大量通信开销。MapReduce 模型简单,且现实中很多问题都可用 MapReduce 模型来表示。Hadoop 的可靠性在于,它假设计算元素和存储会失败,因此它维护多个工作数据副本,确保能够针对失败的节点重新分布处理。Hadoop 的高效性在于,它以并行的方式工作,通过并行处理加快处理速度。Hadoop 还是可伸缩的,能够处理 PB 级数据。Hadoop 具有高容错性,能够自动保存数据的多个副本,并且能够自动将失败的任务重新进行分配。尽管 Hadoop 适合大多数批处理工作负载,而且在大数据时代成为企业的首选技术,但由于以下限制,对一些工作负载它并不是最优选择:缺少对迭代的支持和需要将中间数据存在硬盘上以保持一致性,因此会有比较高的延迟[4]。大多数现有的集群计算系统都是基于非循环的数据流模型。从稳定的物理存储(如分布式文件系统)中加载记录,记录被传入由一组确定性操作构成的数据库可用性组(database availability group,DAG),然后写回稳定存储。DAG 数据流图能够在运行时自动实现任务调度和故障恢复。尽管非循环数据流是一种很强大的抽象方法,但仍然有些应用无法使用这种方式描述。因此弹性分布式数据集应运而生。

2010 年出现的 Spark 系统,与 Hadoop 架构类似,但是在许多方面都弥补了 Hadoop 的不足,比如在进行批处理时更加高效,并有更低的延迟。因此在海洋大数据时代,Spark 给人们带来了新的选择。Spark 是由美国加利福尼亚大学伯克利分校 AMP 实验室开发的,一个基于内存计算的开源集群计算系统，它使用了弹性分布式数据集（resilient distributed datasets，RDD），把所有计算的数据保存在分布式的内存中，形成内存云。这种做法大大减少了数据处理过程中磁盘的读写，更好地运行了计算机的迭代算法，大幅降低了所需时间，为快速处理大数据提供了平台。但 Spark 本身是一个基于内存云进行快速数据计算的框架，不具备对计算任务的管理能力，所以在使用过程中需要搭配其他资源管理平台来管理计算任务。Spark 采用 Scala 语言实现，提供类似于 DryadLINQ 的集成语言编程接口，使用户可以非常容易地编写并行任务。此外，随着 Scala 新版本解释器的完善，Spark 还能够用于交互式查询大数据集。

RDD 是 Spark 的最基本抽象，是对分布式内存的抽象使用，实现了以操作本地集合的方式来操作分布式数据集的抽象，它表示已被分区、不可变的并能够被并行操作的数据集合，通常缓存到内存中，并且每次对 RDD 数据集操作之后的结果，都可以存放到内存中，下一个操作可以直接从内存中输入，省去了 MapReduce 框架中由于 Shuffle 操作所引发的大量磁盘 IO。这对于迭代运算比较常见的机器学习算法、交互式数据挖掘来说，效率提升比较大[5]。

RDD 是逻辑集中的实体，但在集群中的多台机器上进行了分区。通过对多台机器上不同 RDD 联合分区的控制，就能够减少机器之间的数据混合（data shuffling）。RDD 只能通过在以下两者上执行确定性操作来创建：稳定物理存储中的数据集和其他已有的 RDD。这些确定性操作称为转换（transformation），如 map、filter、GroupBy、join（转换不是程序开发人员在 RDD 上执行的操作）。RDD 不需要物化，含有如何从其他 RDD 衍生（即计算）出本 RDD 的相关信息（即 Lineage），据此可以从物理存储的数据计算出相应的 RDD 分区。如果数据运算的过程当中出现错误，RDD 的容错机制通过重建丢失数据的方式，来维护在数据分析过程当中产生的部分数据集信息。

Spark 的基础是内存云。内存云是指将当前查询到的数据放在内存中，运用多线程和多机并行来加速整个查询，并且支持多种类型的工作负载，除了常见和基本的 SQL 查询之外，通常还支持数据挖掘，更有甚者支持 full stack（全栈），也就是常见编程模型都要支持，比如 SQL 查询、流计算和数据挖掘等[6]。

Spark 还具有一定的创造性，其在保证容错的前提下，用内存来承载工作集。根据之前内存云的介绍，基于内存计算极大地提升了平台计算性能。在容错机制上，Spark 采用更新日志数据的方法，而 Spark 记录的是粗粒度的 RDD 更新，这样可以大大减少网络通信的开销以及检查点的数据冗余。同时，这种做法也不会出现其他的副作用[7]。

Spark 技术有以下特点：

（1）快速数据处理。Spark 允许 Hadoop 集群中的应用程序在内存中以 100 倍的速度运行，即使在磁盘上运行也能快 10 倍。Spark 通过减少磁盘 IO 来达到性能提升，它们将中间处理数据全部放到内存中。Spark 使用了 RDD 的理念，这允许它可以在内存中透明地存储数据，只在需要时才持久化到磁盘。这种做法大大减少了数据处理过程中磁盘的读写，大幅降低了所需时间。

（2）易于使用，Spark 支持多语言。Spark 支持 Java、Scala 及 Python，这允许开发者在自己熟悉的语言环境下进行工作。它自带了 80 多个高等级操作符，允许在 shell 中进行交互式查询。

（3）支持复杂查询。除简单的"map"及"reduce"操作之外，Spark 还支持 SQL 查询、流式查询及复杂查询，比如开箱即用的机器学习机图算法。同时，用户可以在同一个工作流中无缝地搭配这些能力。

（4）实时的流处理。对比 MapReduce 只能处理离线数据，Spark 支持实时的流计算。Spark 依赖 Spark Streaming 对数据进行实时处理，当然在 YARN 之后 Hadoop 也可以借助其他工具进行流式计算。在容错方面，不像其他的流解决方案，比如 Storm，无须额外的代码和配置，Spark Streaming 就可以做大量的恢复和交付工作[8]。

（5）可以与 Hadoop 和已存 Hadoop 数据整合。Spark 可以独立运行，除了可以运行在当下的 YARN 集群管理之外，还可以读取已有的任何 Hadoop 数据。这是个非常大的优势，它可以运行在任何 Hadoop 数据源上，比如 HBase、HDFS 等。这个特性使用户可以轻易迁移已有的合适的 Hadoop 应用[9]。

5.1.2　上海风暴潮数据应用框架

当获得足够多的海洋大数据并实现积累后，所获数据的分析方法就成了未来对于决策分析以及服务应用的关键。同时，因为对大规模海洋数据的挖掘与分析，使其能够有机整合从而创造出非常显著的社会效益和研究价值，越来越多的社会人士以及研究人员都非常看好该技术在海洋领域的发展前景。数据的融合价值促使该领域的数据处理及分析人员都纷纷投入到大数据分析中，开发出非常丰富的数据分析产品与服务。

对于使用者而言，最关心的莫过于各种数据分析产品最终所能带来的应用价值。从海洋大数据的系统或平台来讲，其能够提供包括风暴潮数据分析在内的多方位多层次应用。而基于 Spark 平台海洋大数据管理系统，能够运用云计算的 IaaS、PaaS 和 SaaS 三层服务架构，分别独立地从底层硬件系统、中间层 Spark 平台以及服务层软件处理系统为用户提供服务。在当前海洋大数据的发展阶段，人们对于数据处理以及服务提供的方式与层次如图 5-2 所示。

海洋大数据平台包含数据层、模型层、接口层以及应用层等主要的应用层次。数据在整个平台当中，从底层向上传输与转变，为各种应用产品服务。

（1）数据层。数据层是整个海洋大数据平台的基础，主要为整个平台的计算分析提供数据服务。其中最主要的数据则是通过各种测绘手段得到的海洋三维资源的数据，包括基础地理空间数据库、矢量数据库、遥感影像数据库以及三维模型库等。数据层整合各类数据资源为模型层提供数据资源服务，实现数据的部署、监控、实时迁移备份管理等

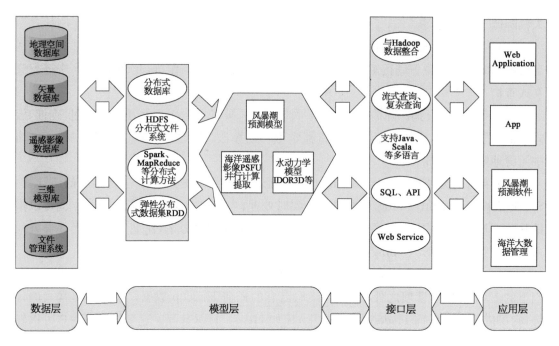

图 5-2　海洋大数据数据处理与服务提供层次架构

功能,从而达到对数据的管理。数据层为用户提供基础设施服务(IaaS)级别的云计算服务。

(2) 模型层。模型层提供了数据仓库的封装、分布式计算以及建立分布式文件管理系统,通过分布式文件管理系统存储所获得的数据,利用 Spark、MapReduce 等并行计算平台对海量数据进行高效处理。实现了对于数据层中数据的存储管理,同时能够利用 Spark 特有的 RDD 处理各种海洋大数据,从而建立如风暴潮预测模型等的分析模型,为将来的应用层开发提供基础。模型层也具有一定的容错能力,提供了数据备份功能,保证了数据的真实性。

(3) 接口层。接口层主要起到承接模型层与应用层的作用。提供了包括 SQL、API、Web Service 在内的许多接口,可直接在本层的基础上进行二次开发。同时,接口层还支持 Spark 的流式查询以及复杂查询,能够与 Hadoop 数据较好地整合,便于与其他平台之间的相互搭建。支持 Java、Scala 等多语言,便于开发人员的设计与实现。模型层与接口层共同为用户提供了平台服务(PaaS)级别的云计算服务。

(4) 应用层。应用层则是在模型层的基础上针对特定需求而开发出来的数据分析产品、服务或者软件。其为可视化用户以及管理员之间提供了云服务接口,实现与用户的交互。应用层主要是调用了模型层中抽象的分析模型,将其进一步具体、可视化分析,形成如上海风暴潮灾难预报分析模型等产品,满足使用者对于产品、服务的需求。应用层为用户提供了软件服务(SaaS)级别的云计算服务。

5.2 上海风暴潮灾难预报分析

历史资料显示：南汇每年都要遭受太平洋热带气旋的袭击，有影响的台风平均每年有 2 次左右，台风带来大风、暴雨等灾害，沿海还经常发生由台风引起的风暴潮灾害，对海塘堤坝防汛墙等工程造成严重威胁。据此，急切需要建立准确、及时的洪水预报系统，将水动力学与洪水监测和预报结合起来，直接模拟城市洪水演进模型及预报洪水造成的灾害，为各级防汛指挥部门的防汛抗洪抢险救灾提供决策依据，为防汛指挥决策的科学化、规范化服务。

本节从水文水资源、水流运动及实时仿真的基本原理出发，根据南汇的海洋风暴潮发生的历史资料以及海洋环境和地形特点，结合海洋风场、气压场形成的条件、雨场预报以及城市的降水和排水能力，进行大数据背景下多条路径、多种速度的风暴潮分析，最后融合大批量计算结果，给出多种、多类型的实时预报结果。

5.2.1 基于统计模型的风暴潮时空分析

风暴潮预警预报结果时空分布展示模块以风暴潮预报结果、各类海洋空间数据为基础，对大批量海洋大数据进行时空分析，实现超海量风暴潮相关信息的快速展示、信息查询等功能。由于一次风暴潮模拟及时空分析需要大批量监测数据的支持，提高了数据高效管理及准实时再现的难度。本系统在预报输出数据的基础上，结合新一代地理信息系统（geographic information system，GIS）功能，提供风暴潮发生时研究区域内水深、流速、流向等时空分布快速数据展示；在 GIS 支持下，直观展示风暴潮预报结果，如风暴潮将发生的位置（范围）、强度等，为防灾、减灾决策提供信息基础和科学依据。

风暴潮预警预报结果时空分布展示模块，主要功能是对大批量超海量风暴潮大数据进行预处理及分析，形成基本动力场数学模型计算结果并进行快速可视化模拟展示。基本动力场数学模型计算结果在数据管理和维护、模拟表现及空间分析上能力有限，非专业人士使用时会感到模型较为复杂，数据的多源、海量、多类特征使得计算处理缓慢，交互式界面不够友好，计算结果文件的输出演示不够完善等。为了提高风暴潮基本动力场模型的展现能力及易用性，子系统采用了基本动力场模型与 GIS 技术集成的方式。

具体实现方式是基于三层架构体系，如图 5 - 3 所示，在开发过程中使用 ArcGIS Engine Geodatabase 对象访问海洋基础要素数据库和风暴潮预报结果数据库，也可用 ADO. NET 来访问关系数据库或用 VC. NET I/O 直接访问文件数据，业务层中的功能组件开发则是利用 . NET 开发新的组件或直接利用现有组件进一步包装组合。. NET 也用于 Windows Form 客户端开发，Web 客户端则使用 ASP. NET 来实现。

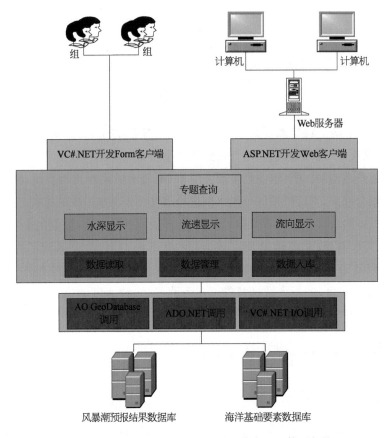

图 5-3　风暴潮预警预报结果时空分布展示体系架构

5.2.2　基于统计分析的灾害危险性分析

1) 灾害强度-频率关系的建立

自然灾害的孕育、发生和发展是自然界中能量系统平衡而造成人类社会损失的一种现象。如江河风暴潮,本是海陆水文循环过程中的一个子过程,但当其强度足够大时,容易造成洪涝灾害,而江河沿岸往往是人口众多、经济发达的地区。因此自然界中各种自然灾害的孕育、发生和发展都有其自身的内在规律和生长机制,研究其发生强度和频率可以从研究其物理机制出发。

但是灾害的孕灾环境是复杂的,致灾因子是多样且变化的,其发生具有一定的随机性。因此,可将其视为一种随机事件,并采用统计理论和方法来分析和建立自然灾害强度与发生频率间的关系: $I = f(p)$。发生频率计算一般基于有限的水文资料,包括历史调查、考古资料和一定的概念模式(即线型)。我国多采用皮尔逊Ⅲ型分布曲线,其分布函数为

$$F(x) = p(x \geqslant x_p) = \frac{\beta^\alpha}{\Gamma(\alpha)} \int_{x_p}^{\infty} (x-a)^{a-1} e^{-\beta(x-a)} dx \qquad (5-1)$$

式中,x_p 为频率所对应的某水文要素值,即强度;a 为密度曲线的起点与水文系列的实际零点间的距离;α 为偏态参数;β 为离散度参数。

在实际分析中,常采用经验频率,其计算公式为

$$p = \frac{m}{n+1} \tag{5-2}$$

$$\sigma = \frac{m}{n+1}\sqrt{\frac{n-m+1}{m(n+2)}} \tag{5-3}$$

式中,p 为灾害经验频率;σ 为均方差;n 为某水文要素,如年降水量、洪峰流量等的资料系列长度(年);m 为将 n 年水文资料从大到小顺序排列的排序号,即 m 从 1 顺序增至 n。

采用上述经验频率公式,结合区域洪灾的历史表现,即可建立区域内风暴潮灾害强度和发生频率间的关系,如图 5-4 所示。

在此基础上,可通过频率大小或重现期长短划分灾害强度等级,见表 5-1。

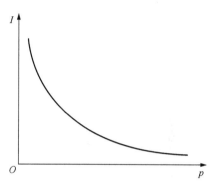

图 5-4　灾害强度-频率曲线

表 5-1　风暴潮灾害强度等级(据 W. J. Petak)

风暴潮灾害等级	重现期(年)	大于或等于的概率	发生概率	累积概率
无增水			0.5	0.5
	2	0.5		
1			0.3	0.8
	5	0.2		
2			0.1	0.9
	10	0.1		
3			0.06	0.96
	25	0.04		
4			0.02	0.98
	50	0.02		
5			0.01	0.99
	100	0.01		
6			0.01	1

2) 灾害风险区的确定

风险区是指一定区域内某种自然灾害在可能最大强度发生时的受灾范围。以风暴潮

灾害而言,相当于可能最大风暴潮增水发生时的淹没范围。显然,要获得一定区域内灾害的可能最大强度是困难的。这是因为:

(1) 从物理成因研究自然灾害强度的上限,在理论上是成立的。如暴雨,因水文循环过程中的水汽含量受水源、温度等的影响,不可能无限增加;降水的周期性摆动和国内外实测特大暴雨在有限范围内变动的事实也证明了这一点。

(2) 从统计观点出发,根据有限的观测资料,采用经验频率曲线进行外延,去迁就或适应未知概率的可能最大强度是不可靠的,这涉及曲线线型的选择和参数的确定。以洪水为例,采用经验频率公式估算频率可以有较大的出入。

有鉴于此,在风暴潮灾害风险评价中,可以一定频率(如 $p=\alpha$)为基础,再结合灾害的历史表现,予以适当调整或放大,以确定风险区。

5.2.3　城市风暴潮灾情水动力模型建立

1) 水动力模型运算

平面二维数学模型以垂线平均的水流因素作为研究对象,模拟计算海水面在天文潮和台风等多重因素下的变化情况,同时计算外海增高水位倾入南汇地区陆地洪水演进过程。

初始条件为

$$\eta(x,\ y,\ t)\Big|_{t=t_0} = \eta_0(x,\ y) \tag{5-4}$$

$$\bar{u}(x,\ y,\ t)\Big|_{t=t_0} = 0 \tag{5-5}$$

$$\bar{v}(x,\ y,\ t)\Big|_{t=t_0} = 0 \tag{5-6}$$

式中, η_0 为计算初始时刻潮位空间分布函数。

风暴潮及内陆洪水问题的研究采用非结构化三角形网格的水动力模块进行模拟,更有利于拟合复杂海岸边线及城市建模;方程离散方法和计算采用有限体积法求解;利用干湿网格判断法处理潮滩移动边界,方便快捷。

二维浅水控制方程为

$$\frac{\partial h}{\partial t} + \frac{\partial h\bar{u}}{\partial x} + \frac{\partial h\bar{v}}{\partial y} = hS \tag{5-7}$$

$$\frac{\partial h\bar{u}}{\partial t} + \frac{\partial h\bar{u}^2}{\partial x} + \frac{\partial h\overline{vu}}{\partial y} = f\bar{v}h - gh\frac{\partial \eta}{\partial x} - \frac{h}{\rho_0}\frac{\partial p_a}{\partial x} - \frac{gh^2}{2\rho_0}\frac{\partial \rho}{\partial x} + \frac{\tau_{sx}}{\rho_0} - \frac{\tau_{bx}}{\rho_0} -$$

$$\frac{1}{\rho}\left(\frac{\partial s_{xx}}{\partial x} + \frac{\partial s_{xy}}{\partial x}\right) + \frac{\partial}{\partial x}(hT_{xx}) + \frac{\partial}{\partial x}(hT_{xy}) + hu_sS$$

$$\tag{5-8}$$

$$\frac{\partial h\,\bar{v}}{\partial t} + \frac{\partial h\,\overline{u\,v}}{\partial x} + \frac{\partial h\,\bar{v}^2}{\partial y} = -f\bar{u}h - gh\,\frac{\partial \eta}{\partial y} - \frac{h}{\rho_0}\,\frac{\partial p_a}{\partial y} - \frac{gh^2}{2\rho_0}\,\frac{\partial \rho}{\partial y} + \frac{\tau_{sy}}{\rho_0} - \frac{\tau_{by}}{\rho_0} -$$

$$\frac{1}{\rho_0}\left(\frac{\partial s_{yx}}{\partial y} + \frac{\partial s_{yy}}{\partial x}\right) + \frac{\partial}{\partial x}(hT_{yx}) + \frac{\partial}{\partial y}(hT_{yy}) + hv_s S$$

$$(5-9)$$

式中，t 为时间；x、y 为右手笛卡儿坐标系；η 为水面相对于未扰动水面的高度，即通常所说的水位；h 为静止水深；u 为流速在 x 方向上的分量；v 为流速在 y 方向上的分量；p_a 为当地大气压；ρ 为水密度；ρ_0 为参考水密度；f 为科里奥利参量（Coriolis parameter），$f = 2\Omega\sin\varphi$（其中 $\Omega = 0.729 \times 10^{-4}\ \mathrm{s}^{-1}$ 为地球自转角速率，φ 为地理纬度）；$f\bar{v}$ 和 $f\bar{u}$ 为地球自转引起的加速度；s_{xx}、s_{xy}、s_{yx}、s_{yy} 为辐射应力分量；T_{xx}、T_{xy}、T_{yx}、T_{yy} 为水平黏滞应力项；S 为源汇项；u_s、v_s 为源汇项水流流速。

模型求解采用非结构网格中心网格有限体积法，其优点为计算速度较快，非结构网格可以拟合复杂地形。

对计算区域内滩地干湿过程，采用水位判别法处理，即当某点水深小于一浅水深 ε_{dry}（如 0.1 m）时，令该处流速为零，滩地干出，当该处水深大于 ε_{flood}（如 0.2 m）时，参与计算，潮水上滩。

对笛卡儿坐标系下的二维浅水方程归一化，即

$$\frac{\partial U}{\partial t} + \frac{\partial(F_x^{\mathrm{I}} - F_x^{\mathrm{V}})}{\partial x} + \frac{\partial(F_y^{\mathrm{I}} - F_y^{\mathrm{V}})}{\partial y} = S \tag{5-10}$$

其中

$$U = \begin{bmatrix} h \\ h\bar{u} \\ h\bar{v} \end{bmatrix} \tag{5-11}$$

$$F_x^{\mathrm{I}} = \begin{bmatrix} h\bar{u} \\ h\bar{u}^2 + \dfrac{1}{2}g(h^2 - d^2) \\ h\,\overline{u\,v} \end{bmatrix},\quad F_x^{\mathrm{V}} = \begin{bmatrix} 0 \\ hA\left(2\,\dfrac{\partial \bar{u}}{\partial x}\right) \\ hA\left(\dfrac{\partial \bar{u}}{\partial y} + \dfrac{\partial \bar{v}}{\partial x}\right) \end{bmatrix} \tag{5-12}$$

$$F_y^{\mathrm{I}} = \begin{bmatrix} h\bar{v} \\ h\,\overline{u\,v} \\ h\bar{v}^2 + \dfrac{1}{2}g(h^2 - d^2) \end{bmatrix},\quad F_y^{\mathrm{V}} = \begin{bmatrix} 0 \\ hA\left(\dfrac{\partial \bar{u}}{\partial y} + \dfrac{\partial \bar{v}}{\partial x}\right) \\ hA\left(2\,\dfrac{\partial \bar{v}}{\partial x}\right) \end{bmatrix} \tag{5-13}$$

$$S = \begin{bmatrix} 0 \\ gh\,\dfrac{\partial d}{\partial x} + f\bar{v}h - \dfrac{h}{\rho_0}\,\dfrac{\partial p_a}{\partial x} - \dfrac{gh^2}{2\rho_0}\,\dfrac{\partial \rho}{\partial x} - \dfrac{1}{\rho_0}\left(\dfrac{\partial s_{xx}}{\partial x} + \dfrac{\partial s_{xy}}{\partial y}\right) + hu_s \\ gh\,\dfrac{\partial d}{\partial y} - f\bar{u}h - \dfrac{h}{\rho_0}\,\dfrac{\partial p_a}{\partial y} - \dfrac{gh^2}{2\rho_0}\,\dfrac{\partial \rho}{\partial y} - \dfrac{1}{\rho_0}\left(\dfrac{\partial s_{yx}}{\partial x} + \dfrac{\partial s_{yy}}{\partial y}\right) + hv_s \end{bmatrix}$$

$$(5-14)$$

对于归一化后的方程,在每一个单元上积分,根据高斯定理,将面积分化为线积分

$$\int_{A_i} \frac{\partial U}{\partial t} \mathrm{d}\Omega + \int_{\Gamma_i} (F \cdot n) \mathrm{d}s = \int_{A_i} S(U) \mathrm{d}\Omega \qquad (5-15)$$

进一步简化后得到

$$\frac{\partial U_i}{\partial t} + \frac{1}{A_i} \sum_{j}^{NS} F \cdot n \Delta \Gamma_j = S_i \qquad (5-16)$$

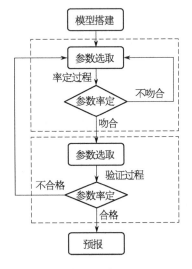

图 5-5　模型率定和验证流程

2) 水动力模型调试率定

为了保证数学模型选取合理模型参数以较准确地模拟并与现实吻合,模型率定和验证成为数学模型从建立到真正应用的非常重要的环节,流程如图 5-5 所示。分两步检验模型的正确性:第一步为模型率定,通过调整模型参数使结果与预报天文潮及实测潮位的比较达到最佳状态;第二步为模型验证,在不改变模型参数的前提下,用另一套实际资料重新计算,并通过与验证数据的比较考核模型的有效性。南汇地区风暴潮模型主要包括对天文潮和台风增水作用的模拟,所以率定和验证主要针对涉及天文潮和台风增水相关的参数,包括地形糙率、涡黏系数和风摩擦系数的选取。

3) 水动力模型验证

模型验证过程采用率定所确定的参数,选用 1970—2007 年台风期间的预报潮位和实测潮位用于模型的验证。验证过程如图 5-6 所示,包括常规潮位和风暴潮潮位与计算值的比较。

三维风暴潮预报模式自 2009 年开始试运行,分别对 2009 年影响南汇及邻近海域的 0903"莲花"、0908"莫拉克"和 2010 年影响南汇及邻近海域的 1007"圆规"、1009"玛瑙"和 1010"莫兰蒂"台风进行了跟踪实时预报。在预报中,模式从各个角度考虑了风暴潮影响情况,从台风对整个海域的影响到对单站的影响,从影响海域的最大增水情况到影响海域及重点影响岸段情况,为预报技

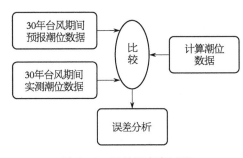

图 5-6　风暴潮率定过程

术人员全方位了解台风对沿海的影响提供了全面、细致的分析。下面以 0908"莫拉克"为例来说明高分辨率风暴潮集合预报模式在实时预报中的应用。

（1）路径预报。选用 8 月 8 日 17：00 的预报路径为例进行计算分析。从图 5-7 可知，8 月 8 日 17：00，24 h 内的预测路径基本与实际路径吻合，但 48 h 的预测明显向西北方向偏移，而 72 h 的预测结果又向东北方向偏移。而经过集合预报形成的路径（图5-8）来看，除了可以显示 0908“莫拉克”的可能主要影响岸段外，还可综合考虑路径左右方向和移速快慢引起的偏差，可减小由于路径偏差而造成的增水误差。

（2）风场预报。通过对经过台风风场计算后得到南汇附近的大戢山（图 5-9 和图 5-10）、芦潮港和滩浒岛三个测站的风速风向对比可知，8 月 8 日 17：00 预测的 0908“莫拉克”中心路径台风预测风场在大小上基本与实测风场吻合，但是其风速增减趋势上在 48 h 以内右侧路径相对较好。

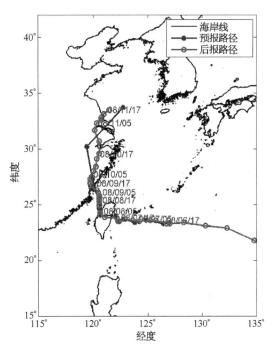

图 5-7 0908“莫拉克”8 月 8 日 17：00 预测路径与实际路径比对（来源于国家海洋局东海分局预报中心）

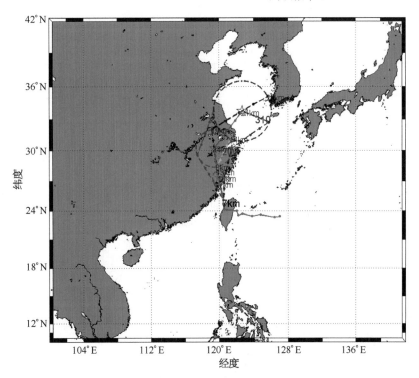

图 5-8 0908“莫拉克”8 月 8 日 17：00 集合预报路径（来源于国家海洋局东海分局预报中心）

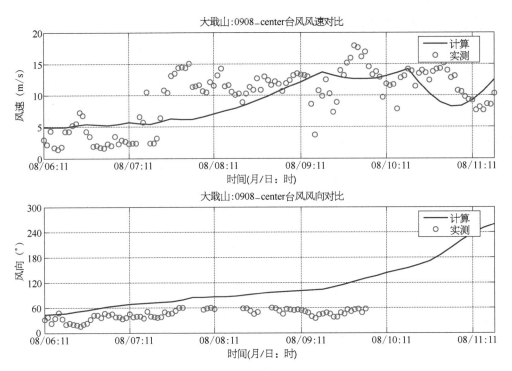

图 5 - 9　"莫拉克"大戢山测站预报风速风向与实测风速风向对比(中心路径)

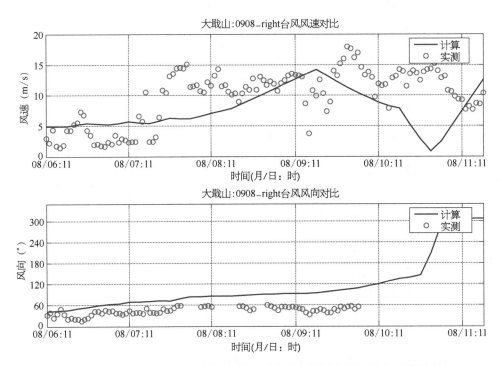

图 5 - 10　"莫拉克"大戢山测站预报风速风向与实测风速风向对比(右侧路径)

通过场预报,可直观清楚地看到中国东海沿海的水位场分布以及各条预报路径下沿海风暴潮极值分布图,该预报为全面掌握沿海的风暴潮情况提供了直观的依据。

5.3 上海风暴潮灾害评价

本节通过对南汇城市地貌特征、城市基本建设情况、产业特点、人居环境等情况的全面调查研究,根据灾害经济学理论,建立南汇城市风暴潮灾害评估体系,制定符合南汇实际情况的风暴潮灾害评估指标体系,同时提炼出关键指标作为评价指标,并对各评价指标赋权,为防灾减灾决策、海洋管理等工作提供支持。

5.3.1 指标体系

风暴潮风险区划子系统根据风暴潮预报结果,以水深、流速、水位涨速为指标确定各受灾区域的灾情等级。运用因子分析法从多样化的风暴潮影响因素中提取出相对独立的三个层面的指标,形成指标体系,如图5-11所示。

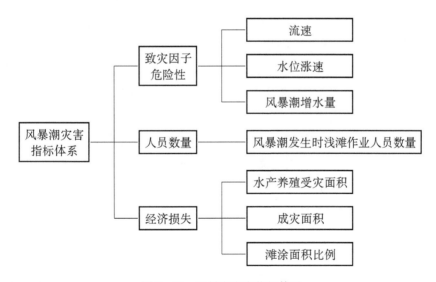

图5-11 风暴潮灾害指标体系

系统首先建立每个影响因素对风暴潮灾害的等级评价标准,运用模糊模式识别方法划分了影响因素的灾害等级,进行单因素灾害评价;同时系统结合相关行业标准、知识库数据,将专家打分法与层次分析法相结合,给各影响因子赋权;最后系统综合考虑多个影响因素,运用模糊综合评判法建立风暴潮灾害的多因子综合评价模型,划分风暴潮评估区域的灾害等级（分为特别危险区、危险区、一般性区域、安全区等），进行多因素的灾害评价。

1）灾情指标体系

要评价一个地区的洪灾灾情，必须有致灾因子、孕灾环境和承灾体中提取出洪灾灾情风险的辨识因子（指标体系），如风暴潮增水（洪水）最先到达时间、洪水淹没深度、最大流速、淹没时间等。依照这些洪灾风险要素，结合滞洪区实际情况，可将灾情划分为四个等级，见表 5-2。

表 5-2　灾情分类表

淹 没 指 标	严重灾区	中等灾区	轻灾区	安全区
洪水最先到达时间(h)	<18	18~36	>36	无洪水到达
洪水淹没深度(m)	>1.5	0.5~1.5	<0.5	
洪水最大流速(m/s)	>2.0	1.0~2.0	<1.0	

（1）严重灾区。洪水泛滥的主流区、分洪区的口门附近。该区内的水流冲击大、破坏力强，洪水发生突然，危险区内的人员常来不及躲避而丧生。该区域内农作物绝收，房屋全部倒塌，交通通信中断，水利设施严重破坏，财产几乎全部损失。

（2）中等灾区。洪水造成重大经济损失的区域。该区域内避难设施可能失效，居民有生命危险，农作物减产 70% 以上，部分房屋倒塌，交通通信受阻，水利设施大部分遭破坏，排灌工程失效，居民财产损失严重。

（3）轻灾区。洪水造成损失较小的区域。该区域内避洪设施发挥作用，没有人员伤亡，农作物减产 30%~60%，部分房屋遭受不同程度的破坏，部分地区交通通信受阻，部分水利设施破坏，居民财产损失较小。

（4）安全区。洪水没有到达的地区。

2）承灾体指标体系（图 5-12）

承灾体一般指人及社会财产。承灾体的易损性特征反映了特定社会的人们及其所拥有的财产对洪水的承受能力。城市化后地下交通、商业、仓库、停车场等设施增多，易进水被淹而损失大；城市对水、电、煤气、通信、交通等城市"生命线设施"网络系统的依赖性增大，由洪水引起的各种网络系统的局部破坏，可能影响城市整个系统的运行，甚至造成城市瘫痪。总体而言，城市经济类型的多元化及人类活动的影响致使城市的综合承灾能力变得脆弱。

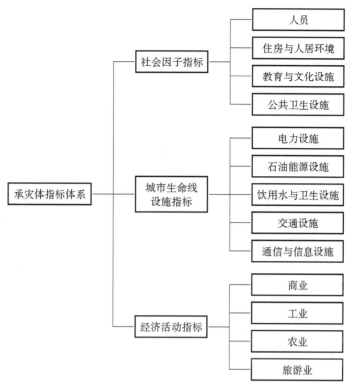

图 5-12　承灾体指标体系

3) 灾害损失分类评估指标体系

灾害损失可分为直接经济损失和间接经济损失，见表 5-3。

表 5-3　灾害损失分类评估指标体系

灾害损失分类评估指标体系	直接损失	人员伤亡损失	医疗费
			丧葬费
			抚恤费
			补助及救济费
			交通费
			律师费
			歇工工资
		土地资源损失	土地资源损失
		一般物资损失	固定资产损失
			物化流动资产损失
			其他财产物资损失

（续表）

直接损失	相关费用损失	紧急抢救费用
		现场清理费用
		污染控制费用
		灾难事故处理费用
间接损失	间接经济损失	劳动损失
		工效损失
		补充新职工的费用
		企事业单位效益损失
		社会经济效益损失
		资源损失
		生态环境损失
		其他间接经济损失
	间接非经济损失	政治与社会安定损失
		声誉损失
		精神损失

（表格左侧纵列：灾害损失分类评估指标体系）

5.3.2　单因素评估

系统提供 30 min 可控时间内的潮位信息、人员数量和经济损失三个单因素评价模型。基于评估单元因素数据，利用模式识别方法评定各评估单元因素等级，输出评估区因素评价状况（评价等级和评价值）。评估流程如图 5-13 所示。

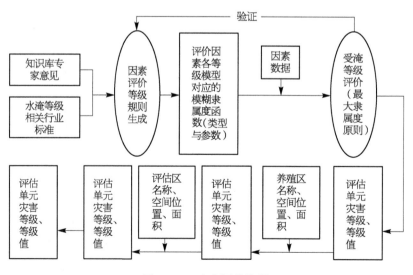

图 5-13　灾害评估流程

系统支持用户自行选择单因素评价的致灾因子(如水深、流速、水位涨速)以及各因子对应各灾情等级的指标区间值,进而确定描写各灾情等级的模型函数。

下面以对水深因素的灾害评价为例,描述单因素评价关键过程。

1) 因素评价等级规则生成

将各评估单元的受灾等级从高到低划分为四个等级:特别重大灾害、重大灾害、较大灾害、一般灾害。

2) 模型函数及隶属度函数的参数确定

设用户设定某一灾情等级对应平均水深区间为$[h, H]$(单位:cm)。本系统设定隶属度函数类型为梯形,则梯形隶属度函数(MF)为

$$\text{trapezoid}(x; a, b, c, d) = \begin{cases} 0 & (x < a) \\ \dfrac{x-a}{b-a} & (a \leqslant x < b) \\ 1 & (b \leqslant x < c) \\ \dfrac{d-x}{d-c} & (c \leqslant x < d) \\ 0 & (x \geqslant d) \end{cases} \qquad (5-17)$$

式中,参数b、c表示该等级水位中心区间的端点;a、d表示该等级水位延伸区间的端点。

参数的计算方法为

$$a = h - \alpha, \ b = h + \alpha, \ c = H - \alpha, \ d = H + \alpha \qquad (5-18)$$

参考相关行业灾情分级标准确定各受灾等级对应区间及含义,系统给出了不同等级的各参数,基于梯形模糊数的风暴潮灾害等级参数见表5-4。

表5-4 基于梯形模糊数的风暴潮灾害等级参数

灾害等级 影响因子	特别重大灾害				重大灾害				较大灾害				一般灾害			
	a	b	c	d	a	b	c	d	a	b	c	d	a	b	c	d
潮位(cm)	—	—	—	—	120	122.5	127.5	130	110	112.5	117.5	120	100	102.5	107.5	110

其中,a、b、c、d分别为梯形模糊数影响因子的参数。其人口及经济损失因区域不同而各异,均由各研究区域政府部门及相关专家学者给定具体参数。

风暴潮灾害单因素评估流程如图5-14所示。

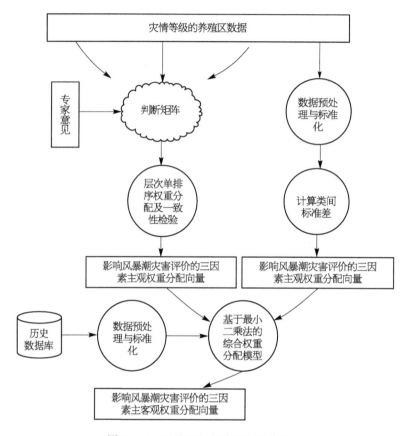

图 5 - 14　风暴潮灾害单因素评估流程

5.3.3　多因素评估

风暴潮灾害的多因素综合评估首先要对影响灾害的三类因素进行赋权,然后调用社会经济数据库中数据,利用已经计算出的影响灾害的三类因素的评价值,采用模糊综合评价的方法对各评估单元的综合灾害进行评估。其流程如图 5 - 15 所示。

赋权方法分为主观方法(如层次分析法)、客观方法(基于标准差权重分配法)以及主客观相结合方法。

在缺乏历史灾情数据的情况下,宜结合知识库专家意见采用主观赋权法(如层次分析法),对影响风暴潮灾害的三类指标进行赋权。

专家评分法也是一种定性描述定量化方法,它首先根据评价对象的具体要求选定若干个评价项目,再根据评价项目制定出评价标准,聘请若干代表性专家凭借自己的经验按此评价标准给出各项目的评分价值,然后对其进行结集。所谓评分,就是对事物的某些属性或影响进行衡量,其实质是评分专家对评价对象属性及发展规律的认识。评分的过程是评分专家根据对评价对象的认识程度及评分专家本身的认识水平、价值观和心理因素对评价

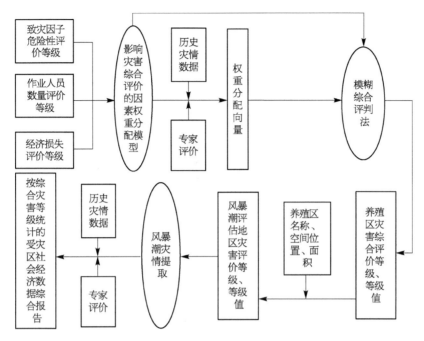

图 5-15 风暴潮灾害多因素综合评估流程

对象的属性加以描述的过程。联系专家和评价对象的桥梁和纽带是比较,即用某种确定的标准与评价对象相比较。专家评分的根本原则和手段也是比较。

专家评分法有许多种,一般根据评价项目、评分标准的划分与评分计算方法的不同,分为以下几种:

(1)加法评分法。它是将评价项目所得分值累计相加,以总分多少决定好坏,即

$$W = \sum_{i=1}^{n} W_i \qquad (5-19)$$

式中,W 为评价对象总分值;W_i 为第 i 项指标得分值;n 为指标项数。

加法评分法有两种方式:连加评分法和分计加法评价法,分别见表 5-5 和表 5-6。

表 5-5 连加评分法

评价项目	评 价 分 数				
	标准分数	可行方案得分			
		I	II	III	IV
A	40	40	35	30	40
B	30	25	30	30	30
C	20	15	15	10	15
D	10	5	10	5	10
总分	100	85	90	75	95

表 5 - 6　分计加法评价法

评价项目	评价等级	评价分数				
		标准分数	可行方案得分			
			I	II	III	IV
A	(1)级	40	40		40	40
	(2)级	30		30		
	(3)级	20				
	(4)级	10				
B	(1)级	30		30		30
	(2)级	20	20		20	
	(3)级	10				
C	(1)级	20	20	20		
	(2)级	15				15
	(3)级	10		10		
D	(1)级	10				10
	(2)级	5	5		5	
总分		100	85	80	75	95

（2）连乘评分法。将各项目分值相乘，以乘积的大小决定好坏，这是一种灵敏度较高的评价方法。即

$$W = \prod_{i=1}^{n} W_i \tag{5-20}$$

式中，W 为评价对象总分值；W_i 为第 i 项指标得分值；n 为指标项数。

（3）加乘评分法（表 5-7）。这种方法的特点在于：先将所需评价的项目分成大项目，大项目中再分成小项目，计算时先小项目相加，而后再将小项目所得分值相乘，最后以乘积的大小决定优劣。即

$$W = \prod_{i=1}^{m} \sum_{j=1}^{n} W_{ij} \tag{5-21}$$

式中，W_{ij} 为评价对象中第 i 组第 j 项指标值；m 为评价对象的组数；n 为第 i 组中含有的指标项数。

（4）加权评分法。这是一种可靠性较高的评价方法，因而也是应用较广泛的一种方法。它的特点是对评价项目按其重要程度分别予以权数，突出评价重点，加权平均后以最大者为优。即

表 5-7 加乘评分法

评价项目	评价等级	评价分数			
		标准分数	可行方案得分		
A	(1)级	3	3	3	3
	(2)级	2		2	
	(3)级	1			
B	(1)级	3		3	30
	(2)级	2	2	2	
	(3)级	1			
C	(1)级	3	3	3	
	(2)级	2			2
	(3)级	1		1	
D	(1)级	3			3
	(2)级	2		2	
	(3)级	1	1		1
连乘合计	最高 81 分,最低 1 分				

$$W = \sum_{i=1}^{n} A_i W_i \qquad (5-22)$$

式中,W 为评价对象总得分;W_i 为评价对象的第 i 项指标得分;A_i 为第 i 项指标的权值,满足 $\sum_{i=1}^{n} A_i = 1 (0 < A_i \leqslant 1)$。

采用专家评分法有以下几个方面的优势:

(1) 简便。根据具体评价对象,确定恰当的评价项目,并制定评价等级和标准。

(2) 直观性强。每个等级标准用打分的形式体现。

(3) 计算方法简单并且选择余地较大。

(4) 将能够进行定量计算的评价项目和无法进行定量计算的评价项目都加以考虑。

5.3.4 案例

1) 单因素评估

单因素灾害评估主要包括当前城市、模拟名称、选择时间、当前时间、评估类型以及因素选择等几项。单因素灾害评估系统界面如图 5-16 所示。

在选择好当前城市、模拟名称、选择时间、当前时间、评估类型以及因素选项等后,得出

图 5-16　单因素灾害评估系统界面

最后的评估效果，如图 5-17 所示。在系统的二维展示图中展示，图中各街道的受灾等级分别用不同颜色代表。

把鼠标放在图 5-17 中受灾街道上，会弹出该街道的受灾等级，如图 5-18 所示。

2）多因素评估

多因素灾害评估主要包括当前城市、模拟名称、选择时间、当前时间、评估类型以及因素选择等几项。多因素灾害评估系统界面如图 5-19 所示。

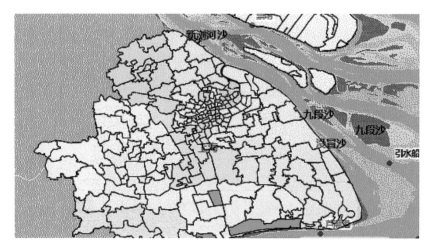

图 5-17　单因素灾害评估最后效果

图 5-18　受灾等级的标注

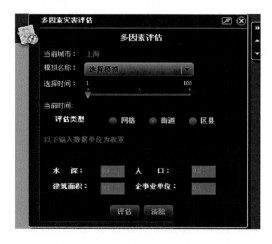

图 5-19　多因素灾害评估系统界面

在选择好当前城市、模拟名称、选择时间、当前时间、评估类型等因素以及修改好各因素的值后,点击"评估"按钮,得出最后的评估效果,如图 5-20 所示。在系统的二维展示图中展示,图中各街道的受灾等级分别用不同颜色代表。同样地,把鼠标放在效果图的受灾街道上,也会弹出该街道的受灾等级。

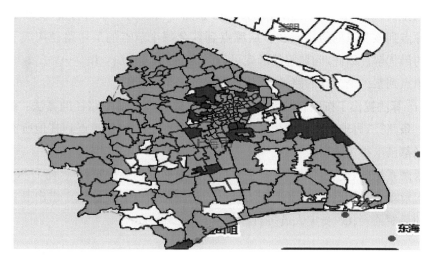

图 5-20　多因素灾害评估最后效果

5.4　上海风暴潮灾害辅助决策系统

在南汇城市风暴潮灾害辅助决策系统中,辅助决策的实现与风暴潮灾害预测、评估、决策相关的各种模型、方法和知识紧密相关,它们既是其他研究内容的成果,也是系统运行的重要资源和技术支撑,因此,高效地管理好这些资源对于系统的运行具有重要的意义。本节主要研究城市风暴潮灾害辅助决策系统中的信息资源的管理,并基于各种模型、知识和算法,为城市风暴潮灾害的应急、辅助决策提供智力支持。具体研究内容包括:建立灾害区划、抗灾能力、相关资源决定下的最优分配模型,实现人员、物资的最优疏散路径。

5.4.1　风暴潮灾害中的最短撤离路径快速生成方法

在灾害辅助决策中,最重要的是在有限的撤离安置点和连通道路网中,生成受灾人口快速和安全撤离的应急预案,这是一个典型的优化问题,而影响决策的主要因素是受灾区面积、人口数、安置点容量、安置点数量和撤离路径等。解决最优路径的方法很多,如图论方法、动态规划法、A* 算法、遗传算法和神经网络等。在图论中有几十种求解算法,其中

Dijkstra 算法是目前多数系统解决最优路径问题采用的理论基础,被 GIS 系统广泛采用。

单源最短路径问题是:给定带权的有向图 $G=(V, E)$ 和图中节点 $s\in V$,求从 s 到其余各节点的最短路径,其中 s 称为源点。路径长度是指路径上的边所带权值之和,而不是路径上的边的数目,并假定边上的权值为非负值。

从广义上讲,源点到某一个节点的任何一条路径可视为一个可行解,其中长度最短的路径是从源点到该节点的最短路径。从源点到其余每个节点的最短路径构成了单源最短路径问题的最优解。因此,问题解的形式可以认为是:$L = (L_1, L_2, \cdots, L_{n-1})$,只要每个分量都是源点到某一个节点的路径,$L$ 就是问题的一个可行解。

Dijkstra 算法提出了按路径长度的非递减次序逐一产生最短路径的算法:首先求得长度最短的一条路径,再求得长度次短的一条路径,依此类推,直到源点到其他所有节点之间的最短路径都已求得为止。

在风暴潮系统中,受灾区域的人员需要同时迅速撤离到多个安置点,而 Dijkstra 算法只方便用于求解单条最短路径,因此基于 Dijkstra 算法做了以下改进:① 求出受灾区域到各个安置点的最短路径;② 受灾人员多目标撤离。

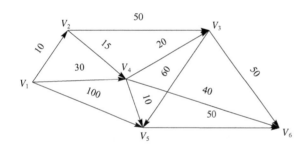

图 5-21　受灾养殖区到各安置点的路线

1) 改进 Dijkstra 算法求最短路径问题

例:如图 5-21 所示,一受灾养殖区 V_1 附近有 5 个节点 V_2、V_3、V_4、V_5、V_6,其中节点 V_3、V_5、V_6 是安置点。现计算 V_1 到 3 个安置点的最短路径。

按照 Dijkstra 算法计算最短路径的步骤如下:

(1) 设 V_1 为源点,则 $S= \{V_1\}$。可知:最短的那条最短路径是 3 条边 $<V_1, V_2>$,$<V_1, V_4>$,$<V_1, V_5>$ 中权值最小的边 $<V_1, V_2>$。所以第一条最短路径应为 (V_1, V_2),即源点 V_1 到节点 V_2 的最短路径,其长度为 10。

(2) 将节点 V_2 加入 S 中,得 $S = \{V_1, V_2\}$。在 V_2 连通的两条边 $<V_2, V_3>$,$<V_2, V_4>$ 中取得权值最小的边 $<V_2, V_4>$,则最短路径为 (V_2, V_4),对当前最短路径进行修正

$$d[4] = \min\{d[4], d[2]+w(2, 4)\} = \min\{30, 10+15\} = 25$$

即源点 V_1 到节点 V_4 的最短路径是 (V_1, V_2, V_4),其长度为 25。

(3) 将节点 V_4 加入 S 中,得 $S= \{V_1, V_2, V_4\}$,求下一条最短路径。从 V_4 出发的边 $<V_4, V_3>$,$<V_4, V_5>$ 和 $<V_4, V_6>$ 中,最短的为 $<V_4, V_5>$,则最短路径为 (V_4, V_5)。对当前最短路径进行修正

$$d[5] = \min\{d[1]+w(1, 5), d[2]+w(2, 4)+w(4, 5)\} = \min\{100, 10+15+10\} = 35$$

即源点 V_1 到节点 V_5 的最短路径是 (V_1, V_2, V_4, V_5)，其长度为 35。同理，可求得：源点 V_1 到节点 V_3 的最短路径是 (V_1, V_2, V_4, V_3)，其长度为 45；源点 V_1 到节点 V_6 的最短路径是 (V_1, V_2, V_4, V_6)，其长度为 65。

2）基于受灾和安置点情况的算法优化

根据受灾的实际情况，包括受灾点需撤离的人数、受灾点到各个安置点的最短路径长度以及各个安置点的容量（即最多可容纳人数），需要对 Dijkstra 算法做以下改进：

（1）在人员撤离过程中，可能需要撤离到多个安置点，所以将受灾点到各个安置点的最短路径长度按降序排列。

根据以上例子求出的结果，将受灾点到各个安置点的最短路径按路径长度降序排列，见表 5-8。

表 5-8 受灾点到各安置点的最短路径

受 灾 点	安 置 点	最 短 路 径	最短路径长度（降序排列）
V_1	V_5	(V_1, V_2, V_4, V_5)	35
	V_3	(V_1, V_2, V_4, V_3)	45
	V_6	(V_1, V_2, V_4, V_6)	65

（2）人员优先撤离到路径长度最短的安置点，再撤离到次短的安置点，直到需撤离人员全部安置完。

每个安置点都有容量，撤离的过程中还要结合安置点的容量进行安排。最终的受灾人员安置情况见表 5-9。

表 5-9 根据安置点容量最终选择的最优路径

受灾点	受灾人数（万人）	安置点	最短路径长度	安置点容量（万人）	实际安置人数（万人）
V_1	9.1	V_5	35	5	5
		V_3	45	3.4	3.4
		V_6	65	2	0.7

5.4.2 救援路线中的并行搜救算法

在海洋灾害中基于地理信息数据，实现快速并行搜救路线的生成是辅助决策系统应用的重点，本节介绍实际应用的可用于风暴潮灾害中并行搜救最佳调度算法。

1）问题具体描述和理论抽象

从计算机图论的角度来看,定义受灾区域为一个图 $G=(V, E)$, V_i 为各个节点,表示灾民聚集点,每一边 $E_{ij}=[V_i, V_j]$ 有一个非负权值 $W(E)=W_{ij}$,表示节点 V_i 与节点 V_j 之间的路径长度。那么所求得的最小生成树就应该是图 G 的一个子图 $G^*=(V^*, E^*)$,且 $V=V^*$, E 包含 E^* [10]。

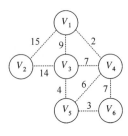

图 5-22 无向图 G

如图 5-22 所示,假设无向图 G 表示一个受灾区域,其中 V_1、V_2、V_3、V_4、V_5、V_6 分别表示 6 个人口聚集地,E_{12}、E_{23}、…、E_{56} 为两个人口聚集地之间的路径,权值表示路线耗时。以虚线表示边意味着该边尚未加入到最终的结果 E^* 当中。此例中,$E_{12}=15$,$E_{13}=9$,$E_{14}=2$,$E_{23}=14$,$E_{34}=7$,$E_{35}=4$,$E_{45}=6$,$E_{46}=7$,$E_{56}=3$。

在计算机中存储此问题时采用矩阵存储法,所有节点两两之间的关系用 $n \times n$ 阶矩阵 R_0 表示,若 0 表示某一点与它本身的关系,∞ 表示两点不直接相连,即没有关系。R 是一个对称矩阵,研究时只取其上三角矩阵记作 R。根据树图的定义,易知 n 个点的无圈连通图有 $n-1$ 条边,又因为最小生成树是所有边长之和最短的树图,易知这 $n-1$ 条边对应上三角关系矩阵中的 $n-1$ 个尽可能小的数。

在辅助决策系统中,灾后搜救需要对受灾区域进行全面快速的搜查,而 Prim 算法求得的最小生成树只方便用于在搜救队伍集体行动不分开的情况下进行搜救路径的选择,但是显然这样效率不够高,试想如果某受灾地仅需要 50 人进行搜救,而 100 人的搜救队伍中另外一半救援人员则可能因交通拥挤等客观原因无法高效率工作,对整体救援工作的进展也是有影响的。面对这个问题,对 Prim 算法进行了改进,使最终结果为两个子树,并在整体上达到路径耗时最少,从而提高搜救工作的效率 [10]。

2）并行搜救最佳调度算法的提出

在风暴潮灾害辅助决策系统中,需要实现灾害发生后的调度功能,对受灾区域进行搜救是灾后救援行动的重中之重,如何规划搜救队伍的最佳搜救路线显得更为重要,尤其在受灾区域因灾造成道路损坏以至交通不便时,就不能使搜救队伍一拥而上,以防搜救行动效率过低。

并行搜救最佳调度算法是针对搜救队伍分头行动的特殊情况产生的,它建立在 Prim 算法的基础之上,所得结果为两个子树 $G_1^*=(V_1^*, E_1^*)$,$G_2^*=(V_2^*, E_2^*)$,分别对应每支搜救队伍的路径图。这里以细实线表示 G_1,黑实线表示 G_2。算法具体步骤如下：

（1）找出图 $G=(V, E)$ 中每个节点所有邻边的最小权值,如图 5-22 所示。

节点 V_1 对应 E_{12}、E_{13}、E_{14} 三条边,其中权值最小为 2;节点 V_2 对应 E_{12}、E_{23} 两条边,其中权值最小为 14;依此类推,求得表 5-10。

表 5 – 10 各节点对应其邻边的最小权值

节点	V_1	V_2	V_3	V_4	V_5	V_6
最小权值	2	14	4	2	3	3

（2）根据表 5 – 10，选得最小权值中的最大值 14，将此边 E_{23} 加入到结果子树 G_2^* 的边集 E_2^* 中，V_2、V_3 加入到结果子树 G_2^* 的节点集 V_2^* 中。如图 5 – 23 所示。

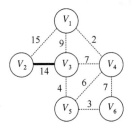

图 5 – 23 步骤（2）

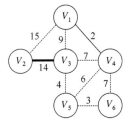

图 5 – 24 步骤（3）

（3）根据表 5 – 10，选得最小权值中的最小值，判断其邻接两节点是否在 V_2^* 中。若在，则找次小值接着进行判断；若不在，则将此边及节点加入到结果子树 G_1^* 中的边集 E_1^* 及节点集 V_1^* 中。如图 5 – 24 所示。

本例中，由表 5 – 10 可知，最小权值的最小值为 2，其邻接两节点 V_1、V_4 不在 V_2^* 中，因此，把节点 V_1、V_4 加入 G_1^* 的 V_1^* 中，把边 E_{14} 加入到 G_1^* 的 E_1^* 中。

（4）针对每个孤立点连接到两个子树的距离，判断其加入各自最近子树以后子树的总路径长度，取较小者将结果加入。如图 5 – 25 所示。

本例中，V_5、V_6 为孤立点，V_5 加入 G_2^* 路径中，加入后的 G_2^* 总路径长度为 $E_{23}+E_{35}=18$；V_6 加入 G_1^* 路径中，加入后的 G_1^* 总路径长度为 $E_{14}+E_{46}=9$。比较得知应取 V_6 加入 G_1^* 的结果集。

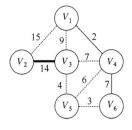

图 5 – 25 步骤（4）

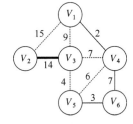

图 5 – 26 最终结果图

重复步骤（4），直到图中无任何孤立点存在。

本例中，还剩余 V_5 为孤立点，其加入 G_2^* 后总长度为 18；加入 G_1^* 后的总长度为 $E_{14}+E_{46}+E_{56}=12$。比较得知应取边 E_{56} 加入 G_1^* 的结果集中。最终结果如图 5 – 26 所示。

5.4.3 案例

基于 ArcGIS 的空间分析功能,建立包含一级、二级和三级城市道路在内的道路连通网络,为最短路径的空间网络分析功能准备数据集,图 5 - 27 所示为项目中生成的一个道路网络。

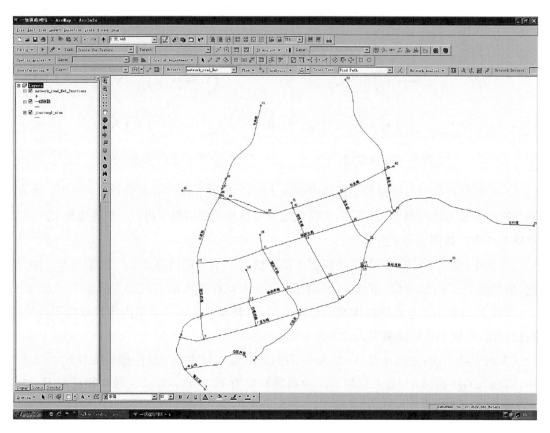

图 5 - 27 基于 ArcGIS 的道路网络生成

对于南汇沿海地形起伏比较明显的区域,对原始较高分辨率的数字高程模型(digital elevation model, DEM)提取区域内的局部较高线,结果如图 5 - 28 所示。从图中可以看出使用局部较高线分析法提取的该区域地形结构线比较完整,正确地勾勒出了区域中的局部较高分布,地形结构线的提取结果较为理想。

如图 5 - 29 所示,一级道路的网络图中,在每条道路交汇处都有一个 junction。如果在某两个 junction 上设置 NetFlag,在操作中选择"Find Path",系统自动计算出一条最短路径,以红色显示,如图 5 - 29 所示。

在基于线性规划的城市风暴潮受灾人口撤离方案生成中,需要得到人员在安置点间的最优分配,以及人员到各个目标安置点的最短路径,相应问题的解决需要将基于 GIS 的空

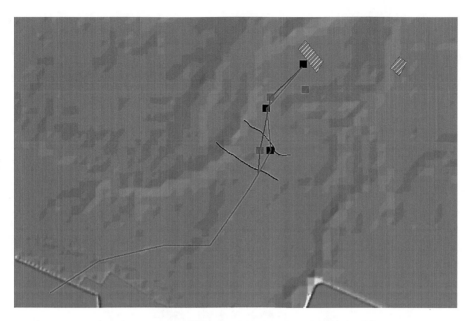

图 5 - 28　南汇沿海浅滩中起伏明显区域的局部较高线

图 5 - 29　最短路径搜索示例

间统计与分析功能以及线性规划的优化计算结合起来。图 5 - 30 所示为上述求解方案的一个结果图。

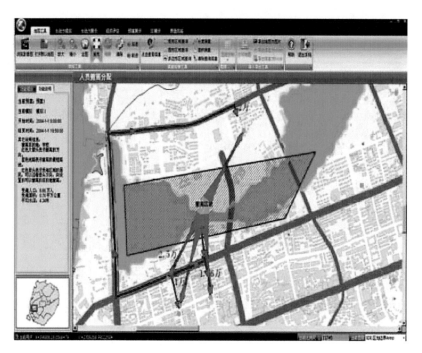

图 5-30　基于 GIS 空间分析和线性规划的人员撤离预案

5.5　三维可视化技术在风暴潮灾害中的应用

上海市南汇城市风暴潮灾害原型系统,是在对数据资源层中的基础地理数据、DEM 数据、遥感数据、风暴潮水深数据等的安全管理的基础上,分别进行三维地形、海面、典型地物的三维建模和模型存储,在系统中对各个模型进行调用和渲染,实现南汇风暴潮三维场景的绘制。本节围绕相关技术模型及应用背景展开风暴潮三维可视化研究,具体内容包括基于 OpenGL 的 C/S 架构和基于 SkyLine 的 B/S 架构的系统实现描述。

5.5.1　海量地形数据的处理策略

1) 数据分层

原始数据为了构建饱和金字塔结构,往往要经过数据重采样。在分块过程中对于不足瓦片块的左边和下边的边界,使用空白数据进行补齐,从而保证每一个瓦片块的大小一样,方便数据的统一存储和索引。

在分层分块的整个过程中,首先对 DEM 数据进行处理,纹理数据则按照 DEM 数据分块分层的方案,DEM 瓦片和纹理瓦片一一对应。保证 DEM 瓦片块和纹理瓦片块的严格对应[11]。

2）数据的索引和存储

数据分层分块之后，为每一层的瓦片数据块建立索引并存储，所用地形可视化算法的特点，不需要对数据瓦片块进行四叉树编号，每一层数据都是一个独立的绘制单元，只需要使用简单的行列号来标识瓦片块，即瓦片块使用层号、行列号就可以全局唯一标识。

就地形可视化算法本身而言，数据的存储环境在文件管理系统和数据库系统之下都可以使用。在使用文件系统来存储数据时，存储的块数过小，虽然索引和读取的速度快，但是生成的文件数量过多，增加了系统文件操作的负荷。如果单文件存放的瓦片块过多，虽然文件数量变少了，但是瓦片块的索引和读取时，增加了单文件操作以及文件指针操作的负担。因此大数据环境下存储海洋相关数据，需要考虑数据量、动态更新速度、网络环境下多用户操作等方面的因素，必须衡量两者之间的矛盾。

3）纹理压缩技术

在地形可视化中，相比 DEM 数据，纹理数据量较大。在渲染的过程中，一些提高绘制真实感的技术（如凹凸贴图、法向量贴图）以及更加复杂的技术都需要占用一定的图形存储空间。因此，解决的办法是充分利用云环境提供的存储空间，同时应用纹理压缩技术。可用于纹理压缩的算法有很多，但大多数都比较复杂，且解压缩工作必须实时完成，因此在并行环境下快速实时实现纹理压缩有利于全球虚拟地形环境的渲染。

在创建纹理压缩时，可以利用多种方法，如使用 D3D SDK 或 OpenGL SDK，采用 OpenGL SDK，采取离线处理的方式，将原始纹理压缩并重新写入新的瓦片块，以便在可视化框架中使用[12]。

5.5.2　三维绘制引擎

精美的模型和逼真的效果需要软件系统的三维绘制引擎支持才能将最终的效果表现出来，不同的三维绘制引擎对于模型的表现不尽相同。三维游戏引擎（如 Quake、Unreal、Halflife 的引擎）对于效果的表现最好，但是由于其软件架构的设计主要是针对局部和小范围场景的，在大规模场景数据上缺少必要的优化手段和支持，同时没有对属性数据的整合和表现，不适合用于工程、城市规划以及城市防灾减灾等领域。

三维可视化信息系统必须针对海洋空间信息数据多维、海量化等大数据特点，绘制引擎采用 PVS、连续 LOD、场景自动简化、分布式集群绘制等优化技术。技术难点在于：在用户浏览器有限的图形处理和计算处理资源支持下，面对海量的高分辨率遥感和地形数据，如何采用优化算法和策略，实现城市任意区域三维场景的高度真实、实时动态、可交互的立体显示和漫游。

对于具有高性能图形处理器的用户，首先利用微机图形处理器（graphic process unit，GPU）的三维加速特性，在深入研究 GPU 图形渲染引擎的结构和特性的基础上，充分利用 GPU

的可编程性,引入适应图形硬件的算法,如 Geometry mipmap、Chunked LOD 以及 Geometry Clipmap 等算法,通过对 Geometry Clipmap 等算法进行改进,可以通过在图形卡内存上高速缓冲,极大地提高三维图形的绘制速度,改善绘制效果,保证三维影像显示的逼真性和实时性。

设计并实现支持多线程渲染、数据渐进调度的地形渲染引擎,进一步提升海量地形三维绘制的速度,利用顶点着色器实现局部高精度地形数据的"镶嵌"显示。

实现三维可视化的技术流程如图 5-31 所示。该模块的软件框架体系中包含以下三个主要子模块:原始数据预处理模块、数据引擎模块与地形渲染引擎模块。

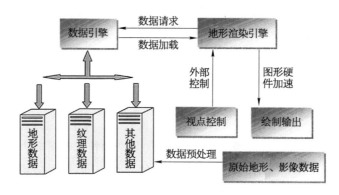

图 5-31　三维可视化技术流程

(1) 原始数据预处理模块。原始数据预处理模块包括对原始数据的分层、分块,索引文件的建立,瓦片数据的存储。该模块可将单个大数据文件分解为多个小文件进行重采样、数据分块操作。该模块拟使用开源项目地理数据抽象层(geospatial data abstraction library, GDAL)来实现对多种图像格式的支持。

(2) 数据引擎模块。数据引擎模块可以对每一层的分块数据进行快速的索引和读取,并对缓冲区域的瓦片数组进行装配,向地形渲染引擎提供符合算法要求的"可视"区域数据。

(3) 地形渲染引擎模块。地形渲染引擎通过封装改进的 Geometry Clipmap 算法和着色器来实现其功能。用户只需要通过鼠标或键盘操作就可以完成对地形场景的动态更新和绘制。由于着色器是通过封装技术实现的,当着色器在 GPU 上运行的时候会替代传统固定管线的操作,为了不影响其他可视化系统的绘制效果,可在地形渲染引擎中设置着色器的开关控制,使得地形场景和其他的可视化对象进行统一的处理。

5.5.3　地形渲染

地形数据的来源十分广泛,通常使用飞行器航拍以及卫星遥感来获取真实世界的地形,也有通过大规模的人员实测来获取地形数据。地形数据往往数据规模庞大,且较难用计算机表示。

高度图(图 5-32)是使用最为广泛的地形表示方法,高度图也被称为高度字段,可以被看作一张灰度图,其中每个像素的颜色表示该位置上的高度。一般来说,黑色表示最小高度,白色表示最大高度。

通过读取高度图来完成地形的渲染,如图 5-33 所示,假定引擎使用了基本的三角形网格生成方法。

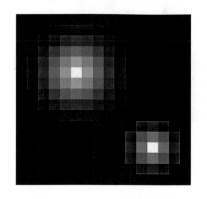

图 5-32 6×16 的高度图

图 5-33 高度图的渲染网格

给定一个高度图的情况下,生成一个统一的三角形网格是相对较为简单的。在每个像素位置创建一个顶点,每个顶点的位置取决于对应的高度图像素与左边界的距离,并根据高度图像素的颜色来确定顶点的高度值,也就是 Z 值。该方法的过程如图 5-34 所示,着色渲染而成的地形如图 5-35 所示。

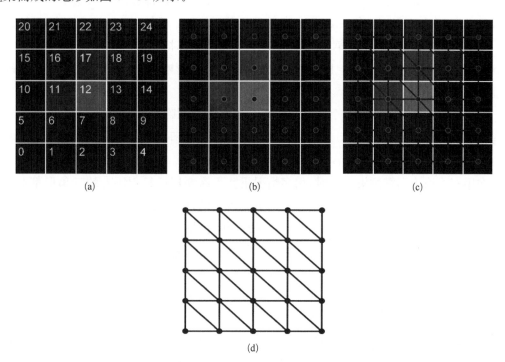

图 5-34 三角形网格生成过程

(a) 一个 5 行 5 列的高度图;(b) 自顶向下的顶点视图;(c) 连接定点形成三角形;(d) 三角形网格

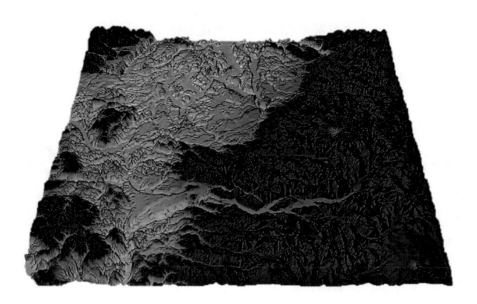

图 5 - 35　高度图着色渲染而成的地形

5.5.4　三维渲染性能优化

由于三维 GIS 渲染系统的特殊性,同一时间需要渲染的多边形数量庞大,纹理材质等也非常庞大,所以即使在浏览器端实现了基于 GPU 硬件加速,效率仍然不是最理想。测试中,在 20 000 m 视角高度浏览我国华东地区时,需要绘制的三角形约 15 万个,在一般配置的笔记本电脑上运行帧数为 19 帧,会影响用户的体验,需要对其进行性能优化。

性能优化主要分为以下几个部分:首先是各种基本剔除,以便减少所需绘制的三角形数;其次测试充分利用 HTML5 和 WebGL 当中的多线程等 API 来分担计算量,加快材质和纹理的读取速度等。

在用三维渲染引擎渲染场景时,很多情况下并不需要把场景中所有的三角形都渲染出来。在构成场景的三角形中,只有很小一部分是可见的,例如在浏览上海时,地球背面的美国是不可见的,而在浏览喜马拉雅山时,山脚的背面也是不可见的。剔除减少不需要的细节,是图形渲染引擎必不可少的工作,能够大大加快场景渲染效率,提升引擎性能,使得在一般硬件情况下渲染大场景成为可能。

1) 背面剔除

首先进行的是背面剔除。背面剔除是一种较为简单的剔除方法,通过检测三角形是不是在摄像机的背面来判断是否剔除该三角形。主要的原理如图 5 - 36 所示,其中两个三角形在正面是可见的,背后的面则不可见,可以剔除。

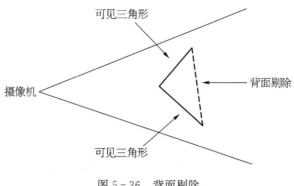

图 5 - 36 背面剔除

在 WebGL 中内置了对背面剔除的支持,通过以下代码可以开启:

gl. enable(gl. DEPTH_TEST);

gl. enable(gl. CULL_FACE);

gl. clearColor(0. 0, 0. 0, 0. 0, 1. 0);

gl. clear(gl. COLOR_BUFFER_BIT | gl. DEPTH_BUFFER_BIT);

gl. drawElements(gl. TRIANGLES, indices. length, gl. UNSIGNED_BYTE, 0)。

2) 遮挡剔除(图 5 - 37)

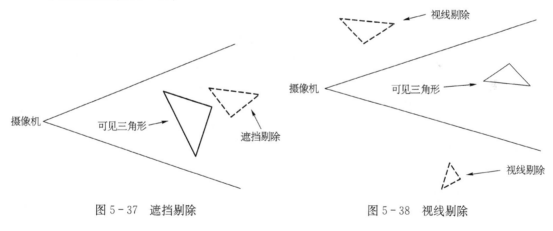

图 5 - 37 遮挡剔除 　　图 5 - 38 视线剔除

3) 视线剔除(图 5 - 38)

视线剔除是指在绘制前,根据摄像机的可见范围,将可见范围外的三角形直接剔除,以减少所需渲染的三角形数量,降低渲染系统的负载。

5.5.5 分层层次细节

Chunked LOD 是一种分层层次细节(hierarchical levels of detail, HLOD)系统,它能

够将整个地形划分成由瓦片组成的四叉树,这些瓦片称为块[13]。根块是一个完整范围的低细节表示。根块的四个子块均匀地将整个范围划分成相等规模的区域并提供一个高细节表示。每一块自身都有四个子块,这些子块又可以继续划分。

四叉树的每个节点由预处理步骤中产生得到,主要方法是通过简化全局地形网格的子集来得到有一定几何误差的特定层次。四叉树每进入一个较低细节层次,几何误差就会翻倍。

运行期间,通过把几何误差映射到屏幕空间并在像素层面计算屏幕空间误差的方法选择要渲染的块。如果误差太大,将以访问子节点作为替代,整个过程称为提炼,这也是 LOD 算法的选择部分。不同 LODs 的两个块彼此是相邻的,相邻块之间的顶点并不一定重合,所以导致块与块之间产生裂缝。这一问题使得用户在浏览使用 Chunked LOD 算法生成并渲染的地形时体验不佳,缺乏逼真感。所以如何填满这些裂缝以便地形网格能够实现无缝连接,是一个重要的问题。

由于块是根据最高细节的地形生成的,每提高一个层次则细节变得更少。所以在用户漫游或放大视图时,块被放大,块所能表示的地形与最高细节的地形之间存在误差,随着块放大,误差值逐渐增加。此时,当误差值达到一个阈值时,则载入块的子块并替换块本身,以提高地形的细节层次,并降低块与最高细节地形之间的误差。同样地,当缩小地形的时候,四个子块可能会被父块所替代。Chunked LOD 通过逐步变换细节层来解决载入大量地形的问题,这也就是 LOD 算法的主要部分。

在很多情况下,Chunked LOD 是实现大规模地形渲染的有效方法。Chunked LOD 在现代 GPU 上运行非常高效,因为它可以使用相对大的静态顶点缓冲池来渲染每一个块。GPU 仅仅用来判断当前场景中需要渲染哪些块。由于现代 GPU 能够很好地处理大批量的静态顶点渲染任务,所以 Chunked LOD 会有很好的性能表现,并且能够解放 GPU 用来执行其他复杂计算,对构建渲染引擎有非常大的帮助。通过 LOD 技术把空间误差控制在一定范围内的方法来渲染大规模地形场景,可以达到很好的效果,在性能和地形细节直接达到了良好的平衡。

5.5.6　案例

在地形渲染引擎中封装了改进的 Geometry Clipmap 地形可视化算法和着色器。通过将改进的 Geometry Clipmap 地形可视化算法和着色器封装到地形渲染引擎,用户只需传入视点参数就可完成对地形场景的更新和绘制。可视化结果如图 5-39 所示。

在遥感影像上提取建筑物侧面纹理,可建立遥感影像与地面的透视关系:根据已经获取的建筑物轮廓点的地面坐标,解算出其对应的遥感影像坐标,然后提取该点的影像灰度作为纹理进行映射。为提高城市三维仿真的逼真度,通常采用近景摄影的方法获取建筑物侧面纹理,并将实地拍摄得到的影像规整为 2 的整数次幂,以适应 OpenGL 中的纹理映射操作。城市大型建筑物的模型绘制结果如图 5-40 所示。

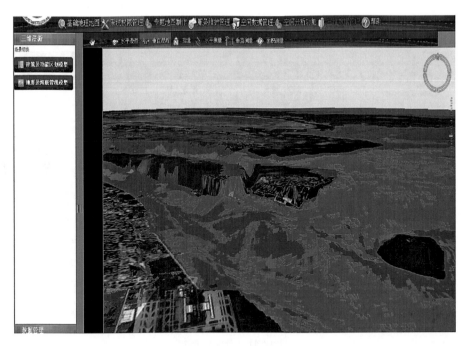

图 5-39 地形可视化

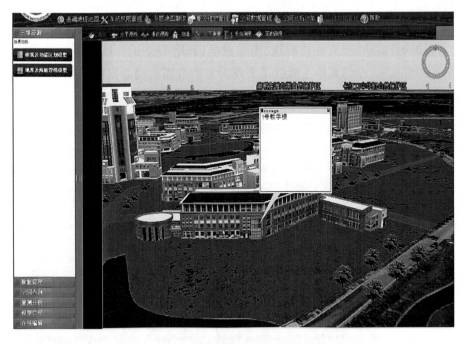

图 5-40 城市大型建筑物的模型绘制结果

构建逼真的包括水面和水下在内的海洋场景,涉及的关键技术多,对数据要求也高,难度较大,其中,海浪渲染效果的真实性较大程度上决定了仿真结果的逼真性,因此主要将重点放在对水面部分海浪模拟上,着重表现海浪的起伏形态和各种光照效果,基于计算机图形学的虚拟现实技术,对动态海面进行了实现,结果如图 5-41 所示。

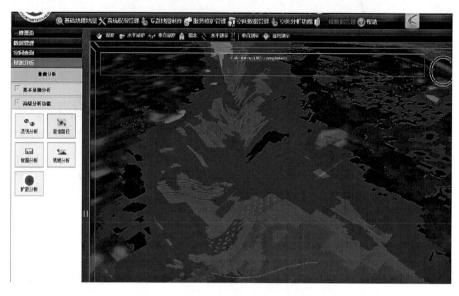

图 5-41 海浪可视化

灾情数据三维可视化的基本过程是:首先对风暴潮预测和评估模型生成的数据进行预处理,针对每种数据的特点进行数据集的自适应归一化处理;根据可视化方法的不同构建流程的"数据映射"模块,形成几何数据、图像数据;利用 OpenGL 技术绘制三维场景,将时间作为另外一维加入,在仿真中主要就是表现为灾情数据的动态显示和更新。图 5-42 为三维流场可视化的一个结果图。

图 5-42 三维流场可视化

◇ 参 ◇ 考 ◇ 文 ◇ 献 ◇

［1］ 黄冬梅,杜艳玲,贺琪.混合云存储中海洋大数据迁移算法的研究[J].计算机研究与发展,2014, 51(1)：199 - 205.

［2］ 国家海洋局.中国海洋卫星应用报告［EB/OL］. http://www. nsoas. org. cn/HY2AZhuanti/ Reports/ChinaOSAppReport2013pdf, 2013.

［3］ 孟小峰,慈祥.大数据管理：概念、技术与挑战[J].计算机研究与发展,2013,50(1)：146 - 169.

［4］ Jacopo Urbani A M, Ceriel Jacobs, Spyros Voulgaris, et al. A lightweight distributed middleware for MapReduce and stream processing［C］. 34th International Conference on Distributed Computing Systems (ICDCS 2014)，30 June - 3 July 2014，Madrid, Spain, 2014.

［5］ Mohiuddin Solaimani M I, Latifur Khan, Bhavani Thuraisingham. Statistical technique for online anomaly detection using Spark over heterogeneous data from multi-source VMware performance data ［C］. 2014 IEEE International Conference on Big Data(IEEE BigData 2014)，October 27 - 30 2014, Washington DC, USA, 2014.

［6］ 王元卓,靳小龙,程学旗.网络大数据：现状与展望[J].计算机学报,2013,36(6)：1125 - 1138.

［7］ Kejela G, Esteves R M, Chunming Rong. Predictive analytics of sensor data using distributed machine learning techniques ［C］. the 6th IEEE International Conference on Cloud Computing Technology and Science (CloudCom 2014)，December 15 - 18, 2014, Singapore, 2014.

［8］ 亓开元,赵卓峰,房俊,等.针对高速数据流的大规模数据实时处理方法[J].计算机学报,2012, 35(3)：477 - 490.

［9］ Lu X Y, Wu R M, Islam N, et al. Accelerating spark with RDMA for big data processing：early experiences ［C］. 2014 IEEE 22nd Annual Symposium on High-Performance Interconnects(HOTI)， August 26 - 28, 2014, West Bengal, India, 2014.

［10］ 黄冬梅,张岭,韩彦岭.并行搜救算法在确定灾后搜救路线中的应用[J].计算机应用研究,2011, 28(2)：472 - 480.

［11］ 李航.遥感图像在空间数据库中的存储与应用开发研究[D].合肥：中国科学技术大学,2005.

［12］ 康宁.基于 GPU 的全球地形实时绘制技术[D].郑州：中国人民解放军信息工程大学,2007.

［13］ 卓亚芬.Chunked LOD——海量地形的实时绘制系统[D].杭州：浙江大学,2004.

第 6 章

基于海洋遥感大数据的
海洋溢油监测研究

海洋大数据的获取有多种途径,在本书第 2 章中分析了空基、陆基和海底监测平台海洋数据的获取,历史海洋数据和社会经济数据的收集等方式,近年来随着卫星遥感技术的高速发展,美国、欧盟等国家组织已发射多颗海洋观测卫星(SeaStar、GEOSAT、ERS - n 系列卫星等),中国也发射了海洋系列卫星(HY - 1～HY - 3),基于海洋遥感影像的溢油监测已经成为最重要和最有效手段之一。

目前,仅通过单颗卫星获取的海洋遥感影像以每天 TB 量级的速度在增加[1],尤其在高分辨率观测卫星 EOS - 4 出现之后,海洋遥感影像已累积超过 1 EB,已成为一种公认的"大数据"[2]。另外,溢油监测还具有高时效的要求,为了在快速计算的同时充分有效利用大数据,亟须研究面向云计算环境的海洋遥感溢油监测。

6.1　海洋溢油监测的研究背景

海洋溢油来源是多方面的,主要有海运污染、大气污染、自然界污染和近岸生产装置污染等。据有关资料统计,海运沉船、石油管道爆炸和海洋钻井故障已成为国内外最为严重的溢油事故,2010 年英国 BP 石油公司在美国墨西哥湾的海上石油钻井平台发生爆炸,造成大量原油泄漏,极其严重地影响当地生态环境,成为人类历史上最严重的一次原油泄漏事件。2010 年 7 月 16 日,我国大连新港输油管道发生爆炸事故,受污染海域约 430 km²,其中重度污染海域约 12 km²,一般污染海域约 52 km²。2011 年 6 月初,我国渤海蓬莱 19 - 3 油田 B、C 平台相继发生溢油事故,事故污染海水面积至少 5 500 km²,主要集中在蓬莱 19 - 3 油田周边和西北部海域,其中劣四类海水海域面积累计约 870 km²。2013 年 11 月 22 日,中石化东黄输油管道泄漏爆炸特别重大事故,导致大量原油入海,严重破坏了山东青岛开发区海域的生态环境。

重大溢油事故对海洋生态环境的影响,海洋环境专家则持更为悲观的态度,他们认为溢油事故会对海洋生态系统造成中长期影响,特别是海底油污很难被稀释和自净,会对底栖生物造成危害,进而影响整个海洋生物链,甚至对人类健康产生长远的危害[3]。

6.1.1　海洋溢油的危害

海洋溢油污染的危害主要有两方面:一是对人类健康和公共安全的危害;二是对海洋环境的危害,包括对鸟类及其他动物的危害、对海洋生物的影响、对渔业的危害、对海洋哺乳动物的危害、对岸线滩涂的危害等。

1）溢油污染对人类健康的危害

暴露在环境中的石油，其低沸点组分很快挥发进入大气，向空气中挥发、扩散和转移，使空气质量下降，直接影响人体健康、生命安危和后代繁衍。石油中的苯、甲苯、酚类等物质，如果经较长时间较高浓度接触，会引起恶心、头疼、眩晕等症状。一些挥发性组分在紫外线照射下与氧作用形成有毒性气体，危害人和动物的呼吸系统[4]。

人类还通过食用被油污染的鱼、海产品、水产品，使得有毒物质进入人体，影响人体多种器官的正常功能，引发多种疾病，导致肠、胃、肝、肾等组织发生病变，危害人体健康，甚至导致死亡。人类直接摄取各种石油蒸馏物，会出现各种中毒症状，受到影响的器官有肺、胃、肠、肾、中枢神经系统和造血系统，石油物质中的苯和多环芳烃（polycyclic aromatic hydrocarbons，PAHs）类还是致癌物质。当人与浓度低至 44 mg/L 的苯慢性接触时，免疫系统可能就会受到损坏并导致白血病的发生。例如，2011 年 6 月，中海油与美国康菲公司的合作项目中，渤海湾油田发生的渤海蓬莱油田溢油事故，令无数渔民损失惨重，甚至造成成百上千的儿童"血铅超标"。

除在人类病理学上会让人体产生短期的急慢性不适症状外，石油中的主要成分多环芳烃类，尤其是双环和三环为代表的多环芳烃毒性更大，可能造成长期的心理问题，甚至还具有明显的神经和遗传毒性；石油中的正烷烃（n‑alkanes）的危害性也不可忽视，当碳数大于16 时，随碳数的进一步增加，正烷烃不但会损伤皮肤，甚至有引发皮肤癌的危害[4]。

溢油污染对人类健康的长期风险评估的研究甚为缺乏，亟须进一步深入探讨，另外，监测溢油暴露下，由内源性新陈代谢改变而导致的对人体健康的长期风险，也将是一个全新的课题，具有深远的意义[5]。

2）溢油污染对海洋环境的危害

油污在进入海水后受到海浪和海风的影响形成一层漂浮在海面的油膜，阻碍了水体与大气之间的气体交换，而且海洋溢油扩散范围大、持续时间长和难以消除。从自然环境到野生动物，从自然资源到养殖资源等都会受到不同程度的危害，并且这种危害的周期往往很长，严重破坏海洋的生态环境。

（1）溢油对鸟类及其他动物的危害。海面上的溢油对鸟类的危害最大，尤其是潜水摄食的鸟类。当鸟类进入含油类的水面，翅膀会粘到油污，随着鸟类翅膀的张合活动，它们的皮肤会暴露在外。这可能导致鸟类变冷或体温过高，出于本能，鸟类会通过嘴的吸取来消除翅膀上的油污，并将它们吞下，而摄取的油污也将导致鸟类内脏的损害。

（2）溢油对海洋生物的影响。海洋溢油黏附在鱼类、藻类和浮游生物上，对浮游植物的光合作用产生抑制作用，同时其在分解的过程中，又消耗了海水中的溶解氧，致使海洋生物死亡。另外，海面油膜对阳光的遮蔽作用影响浮游植物的光合作用，也会使其腐败变质。浮游植物的变质以及细胞中进入碳氢化合物的藻类都会影响以浮游生物为食的海洋生物的生存。一旦浮游生物受到污染,其他较高等级的海洋生物由于可捕食物的污染亦受到威胁。

(3)溢油对渔业的危害。成鱼有非常敏感的器官,它们一旦嗅到油味,会很快游离溢油水域。而幼鱼生活在近岸浅水水域,容易受到溢油污染。养鱼场网箱中的鱼因不会逃离,受溢油污染后不能食用。近岸养殖的扇贝、海带等也是如此。另外,养殖网箱受溢油污染后很难清洁,只有更换才能彻底消除污染,费用十分高昂。此外,溢油对渔业造成的危害也会引起公共饮食安全危机。

(4)溢油对海洋哺乳动物的危害。溢油的化学物质经食物链在动物体内富集,海洋哺乳动物位于食物链较高端,积累了大量的化合物如多环芳烃等,会产生许多有毒化合物。这些有毒物质被鱼、虾、贝壳等摄入,进入海洋食物链,对食物链上游的生物造成直接影响,然后通过食物链间接传递给下游生物,严重破坏海洋哺乳动物整个食物链。

(5)溢油对浅水域及岸线的影响。沉降于潮间带和浅水海底的石油,使一些动物幼虫、海藻孢子失去适宜的固着基质或使其成体降低固着能力,也会严重影响浅水区海洋生物(如贝类、幼鱼、珊瑚等)的栖息环境。溢油污染还会破坏海滨风景区和海滨浴场。如1983年12月,"东方大使"号油轮在青岛胶州湾触礁搁浅,溢油超过3 000 t,严重污染了青岛海滨浴场及胶州湾部分海滨景区。

6.1.2　海洋溢油的变化及归宿

石油溢入海洋之后,在海洋特有的环境条件下,有着复杂的物理、化学和生物变化过程,并通过这些变化,最终从海洋环境中消失,这些变化有扩散、漂移、蒸发、分散、乳化、光化学氧化分解、沉积以及生物降解等。

油膜在油的重力、黏度和表面张力联合作用下,不停地向四周扩散,在海面上的分布表现为中间部分比边缘部分厚,在水面将形成镜面似的薄膜,与凸透镜类似。而且在风和海流(或河流)的作用下,引起油膜运动,在顺风向上油易聚集,从而形成油膜分布的非均匀情形,这种运动情况称为溢油漂移。溢油中一些易挥发的轻油组分,则会在泄漏到海面很短的时间之内,蒸发到大气中,随着其在大气中的逐渐扩散而慢慢被氧化,影响蒸发的因素有油的组分、油膜厚度、环境温度、风速及海况等。

石油的烃分子与空气中的氧会发生氧化反应,分解为可溶性物质或者持久性焦油,这种反应随着日照强度和时间增加而加剧,并伴随着油膜的扩散而逐渐消失。漂浮于海面上的石油经过漂移、蒸发、风化等作用,其密度逐渐增加,有些重残油的相对密度大于1,而沉降于海底,最终被噬油微生物等缓慢降解。

因此,海洋溢油的特点与石油自身特有的物理化学特性和不断变化的海洋环境相关,导致石油在海面上有着与其他溢出物不同的状况,由此可知溢油本身的特点和行为演变是极其复杂的。溢油在海上的行为与演变过程如图6-1所示。

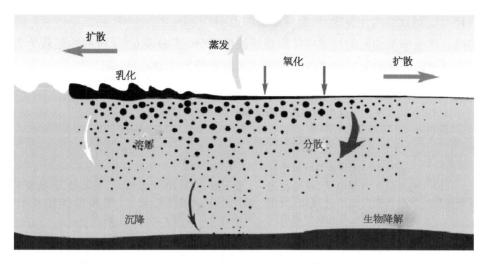

图6-1 溢油的行为与归宿[6]

溢油在海洋环境中的行为与归宿主要包括两个方面：动力过程和非动力过程。动力过程包括溢油的扩散以及在风、波浪、潮流等作用下的漂移过程；非动力过程包括蒸发、乳化、分散、溶解、吸附及沉降、光氧化和生物降解等[7]，并且这两个过程都受到油品自身的特性影响。油膜变化过程中各种过程的时间尺度如图6-2所示。

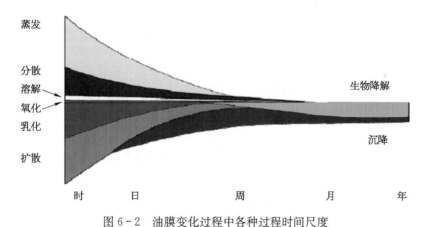

图6-2 油膜变化过程中各种过程时间尺度

6.1.3 遥感技术在溢油监测中的应用

海洋遥感监测具有频率高、速度快、覆盖面广等特点，因此能够对海洋溢油污染进行特征定量分析，能更准确地反映污染情况与程度。目前，用来进行遥感监测的技术主要包括光学遥感器和微波传感器的合成孔径雷达（SAR），这两种传感器探测技术都可以安装在航空飞行器或者卫星上，每种仪器及观测平台都有各自的优点及缺点[8]。由于发生溢油灾害后，溢油区域水面电磁波谱特性迅速发生变化，对比周边水体有明显差别，利用这种光谱特性的差异可以划分油水分界线,从而确定溢油范围。

　　传统海洋遥感溢油监测技术可按照遥感波段划分,其中表6-1所列的是较为常用的、理论和方法也较为成熟的遥感溢油监测方法的原理及其优缺点。

表 6-1　传统海洋遥感溢油监测技术简介

技　术	原　理	优　点	缺　点
激光荧光遥感	油类中的某些成分吸收紫外光并激发内部电子,通过荧光发射将激发能迅速释放,利用其产生的激光荧光和拉曼效应进行海洋溢油监测	全天候,主动式;可鉴别油种,估算溢油厚度;能监测多数海洋环境下的溢油	体积较大,携带不便,部署和操作较复杂,价格高昂
可见光遥感	根据油膜和海水在可见光波段反射特性(反射率、油水比等)的差别来检测油膜	性价比高	依赖太阳辐射,只能在白天工作;难以有效区分油膜和海水
红外遥感	主要利用海面油膜在远(热)红外波段吸收太阳辐射,并将部分辐射以热能形式重新释放出去,获取溢油的电磁波特性	技术成熟,数据价格低廉,应用广泛	可探测油膜厚度有限;对乳化油无探测能力
微波辐射计	依据水体和油的反射系数不同,所导致微波辐射计记录的温度辐射不同来识别油膜	全天候;影像上易于区分油膜和背景水体	空间分辨率较低;探测油膜厚度上存在一些不确定的因素
合成孔径雷达	通过接收海面目标区的后向散射微波能量,来提取海面信息	全天候;较好的空间分辨率和成像能力;可搭载在任何平台上	易受类油膜信息干扰,对海面风速环境有要求;重访周期较长(卫星)

　　表6-2则以遥感监测平台划分,介绍的是当前用于遥感溢油监测的主要平台及其特点。

表 6-2　海洋遥感溢油监测平台简介

平　台	简　介	优　点	缺　点
地面遥感	多指传感器设置于船载或地面固定平台上	小范围溢油监测方便、连续,成本较低	监测范围小;不可能对发生在远海和复杂气候下的溢油及时进行监测
航空遥感	多指传感器设置于飞机平台上	速度快、机动灵活、光谱和空间分辨率较高、覆盖面积较大等	对离岸较远、大面积的监测效率降低;飞机受天气、海况等影响,难以完成全天候的监测;成本较高
航天遥感	多指传感器设置于卫星平台上	覆盖面积大、多时相、连续、价廉等	针对不同传感器,时间和空间分辨率有待进一步提高

对于光学遥感器,常见的可见光近红外监测方法主要是利用油膜在不同光谱区的反射、散射、吸收特性不同,增强油膜与背景海水的反差来监测油膜。在电磁波谱的可见光区域(400～700 nm),油的反射率比水高,但同时油也表现出一些非特异性的吸收趋势,溢油通过敏感可见光波段得以识别[9]。对于红外遥感,它能够探测厚油膜和中等厚度油膜,光学厚度较大的油膜会吸收太阳辐射并把一部分吸收的辐射以热能的形式重新释放出去,发射波长的范围为8～14 μm。在热红外图像上,厚油膜呈现"热"特征,中等厚度油膜呈现"冷"特征,薄油膜无法被监测。这些转变发生的具体厚度研究甚少,但是已有研究表明,冷热层的转换介于50～150 μm,最小探测厚度介于10～70 μm。紫外传感器能够探测甚薄油膜,通过红外图像与紫外图像的叠加,能够获得油膜的厚度。使用紫外传感器要求有足够的太阳照射,因此夜间不可用,风、太阳光、其他生物的影响都可能造成误报。

SAR则是利用多普勒效应原理,依靠短天线达到高空间分辨率的目的,如今已被广泛应用于溢油范围监测,并且被认为是第二代海上溢油遥感监测的重要手段,也是探测海上溢油时应用最为广泛的仪器。卫星SAR具有全天时、全天候、覆盖范围大、近实时获取数据等特点,因此,SAR是及时、准确、大范围监测海洋溢油污染的有力工具。利用SAR遥感技术,可以提取海上溢油的位置与面积等信息,从而有效指导海上溢油清理工作。溢油的存在会抑制海面布拉格波,从而在SAR影像中以"暗区域"的形式呈现。但在SAR影像中,存在很多"类油膜"现象,难以区分海上疑似油,例如低风速区、锋面、雨团等,给SAR影像溢油识别带来困难,甚至造成误判[10]。

随着遥感数据采集量的剧增和遥感影像分辨率的提高,其数据量呈现海量化趋势,单一节点图形工作站的处理能力,已无法完全满足溢油快速监测的分析与计算需求。如何有效地存储与管理不断增加的海量高分辨率遥感影像数据,并在此基础上提供弹性、可靠的高性能计算服务,已成为溢油高效监测亟待解决的问题。

基于Spark的云计算正在被越来越多的研究及应用领域所关注,众多的相关技术及产品的出现,使得云计算技术成为一种注重实用和效率的高性能并行计算技术,当前的云计算技术拥有许多特点,如超大规模、虚拟化、分布式存储、高可靠性、高弹性、可扩展、按需服务、廉价等[11],为溢油的高效准确监测奠定了坚实基础。

6.2 面向遥感影像的海洋溢油分析与处理

星载雷达是目前最为有效的提供大范围全天候溢油范围监测的遥感器,也将是重要的业务化发展方向,SAR遥感现已成为溢油监测的重要手段。目前,挪威、德国、俄罗斯、法国、英国、日本、巴西、新加坡、印度以及中国等都相继开展了利用SAR监测海洋溢油的多项研究工作,并取得了一些较为成功的研究成果[12],其中挪威的星载SAR数据溢油监测系统已经进入业务化应用阶段,因此本节着重研究基于星载 SAR 影像的溢油监测技术。

6.2.1 基于遥感影像的溢油特征分析

国内外专家和学者提出了一些自动化或半自动化的 SAR 溢油监测系统。根据各研究方法的不同,选取了不同溢油特征参量。在 SAR 影像中,主要研究油膜和类油膜的特征表征,可以分为三类:光谱特征、形状特征以及纹理特征。

1) 光谱特征

海面溢油的主要成分是由烃类和烷类构成的有机类物质,是一种碳氢化合物,其中的 C—H 键在 1.2 μm、1.73 μm 和 2.3 μm 波段范围内具有明显的吸收带特征,因此,可利用 C—H 键的这些吸收带特征,提取溢油的参考光谱[13]。在 SAR 影像上,不同波段对应不同的光谱特征,图 6-3 所示为 NASA 于 2010 年拍摄的不同波段深水溢油 UAVSAR影像。

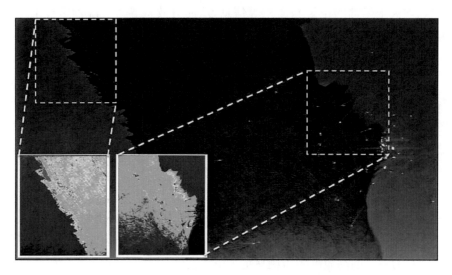

图 6-3 不同波段深水溢油 UAVSAR 影像

海面溢油的高光谱场景中主要有溢油、海水和云,此外水面还有些漂浮物。其中漂浮物的占比较小,对背景参数的影响可忽略不计。溢油与海水混合在一起,成片分布于海面上,占比较大,不可忽略。图 6-4 所示为 2010 年拍摄的墨西哥湾海面溢油的高光谱影像。

根据海面油膜的反射率光谱特征不同,计算不同厚度、不同时间或不同油种的标志性光谱特征,并以此为基础进行高光谱遥感影像数据上油膜的识别,提高溢油目标识别与相对厚度区分的准确度和效率。高光谱图像的分辨率高,图谱合一,且光谱波段多,信息量丰富,通过对光谱特征和遥感影像数据特性的分析,对可探测的最薄油膜厚度进行计算,这对溢油监测中最小溢油量的估算有重要的意义。

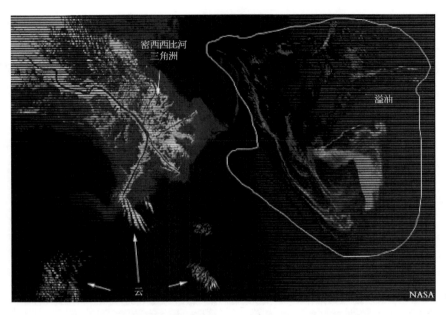

图 6 - 4　墨西哥湾海面溢油的高光谱场景(图片来源于 NASA)

2) 形状特征

(1) 形状特征的参数。形状特征中主要涉及的参数有面积、周长、形状因子、最小外包距和圆形度等。其表示方法如下:

溢油在 SAR 影像上都呈现出暗黑区域,即暗斑面积(area),用 A 表示。

SAR 影像暗黑边缘的长度,即暗斑周长(circumference),用 C 表示。

暗斑的最小外包矩形(minimum bounding rectangle),即最小外包距 MBR,用它很容易刻画不规则区域的大小。

描述暗斑边界的复杂程度,即圆形度(roundness),用 R 表示,暗斑越接近圆形,其值越小,其计算公式为

$$R = \frac{C^2}{A} \tag{6-1}$$

代表海面溢油的宽度和长度的比值,即形状因子(shape),用 S 表示,其计算公式为

$$S = \frac{W}{L} \tag{6-2}$$

式中,W 和 L 分别表示暗斑外界矩形的宽度和长度。

(2) 不同溢油方式带来的几何形状特征。海洋环境中的溢油来源是多方面的,主要有海底溢油、油田溢油和海运溢油等。随着海上石油运输量的逐年增加和海洋石油的开采,船舶溢油事故和钻井平台事故的溢油量较大,最容易对海洋环境造成严重污染。

对于海底溢油,MacDonald 等[14]和黄晓霞等[15]经过研究发现,海底储藏的石油是通过

地层断裂或裂隙向海洋渗漏的,渗漏的石油一般以连续的小油珠或油气泡浮向海面,每颗小油珠或油气泡到达海面时形成彩色浮油膜,这些光泽浮油快速朝侧向扩散并形成人眼不可见的连续层状油膜,颜色从彩色转变成银灰色。海底溢油在 SAR 图像上海底油渗的灰度值明显低于周围海区的灰度值,呈现为黑色,其几何特征一般为蝌蚪状、丝絮状或者条带状,且反复出现,如图 6-5 所示[16]。

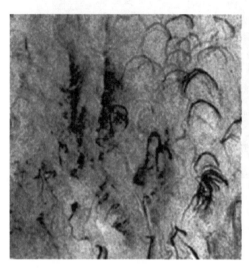 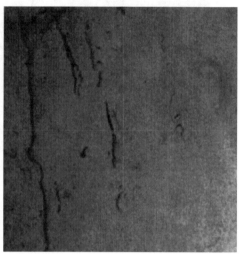

图 6-5 丝絮状和条带状海底油渗 SAR 图像

对于油田溢油,由于钻井设备或者输油管道出现故障,输油管道的破裂,导致在海面上形成粗条带,SAR 图像上显示出比较均匀的条带形状。而钻井平台事故会导致海面上溢油集中分布成很大的面积,如图 6-6 和图 6-7 所示。

图 6-6 航拍大连新港输油管线爆炸起火事故原油污染海域

图 6-7 BP石油公司钻井平台故障导致墨西哥湾溢油一年后影像

对于海运溢油,船舶溢油发生的方式有两种:发生瞬时溢油是指持续时间较短的一次性溢油,时间对溢油量的影响可忽略不计;而连续溢油则是在一段时间内船舶油不间断泄漏。船舶静止溢油是指在整个溢油过程中船舶的位置基本不变,而移动溢油是指溢油过程中船舶的位置发生变化。船舶溢油的运动规律是:刚从船舶排出的油还来不及扩散,随着时间的推移,油膜逐渐扩散,即先溢出的油会随着时间的推移扩散因而油带是粗的,后溢出的油还没来得及扩散因而油带是细的,因此在SAR影像上白色亮点后面有一条由细变粗的黑色条带。如图6-8和图6-9所示。

图 6-8 船舶溢油影像一

图6-9 船舶溢油影像二

综上所述,几种不同溢油方式具有不同的形状特征,见表6-3[16]。

表6-3 几种溢油方式的其他特征

溢 油 方 式	特 征
海底油渗	蝌蚪状、丝絮状或者条带状
油田漏油	黑色条带宽而短,条带形状规则,条带边缘毛刺少或没有,条带开始位置无明显的白色亮点
运动船舶溢油	黑色条带从白色亮点开始逐渐变粗,整体为线状,较细,有卷毛现象
静止船舶溢油	条带开始位置有明显的白色亮点,黑色条带从白色亮点处开始宽度不发生很大改变,条带较粗

3) 纹理特征

在 SAR 图像监测溢油中引入纹理,通过油膜与"假目标"有不同的纹理信息这一特点来区分暗色区域辨别溢油,不仅能够帮助人们提高溢油辨识精度,还能帮助了解溢油的变化规律,通过纹理窥探到油膜扩散的方向,这对实际工作中清污船架设围油栏、清理油污具有指导意义[17]。

目前,纹理分析的方法有很多种,其中共生矩阵法是一种常见和广泛应用的纹理统计分析方法,它不仅考虑了像元的灰度值,还考虑了像元在空间的排列,即对纹理的两个基本特征进行了完美的结合,并且提出了非常明确的具有实际意义的特征向量,更有利于对海洋溢油进行定量分析。

从灰度共生矩阵的纹理分析可以统计出多个纹理特征统计量,主要包括以下八种:

(1) 均值。反映了局部窗口内灰度的均值。

(2) 变化量。反映了局部窗口内的灰度变化程度,值越大说明变化程度越高,值越小说明变化程度越低。

（3）角二阶矩。反映了图像灰度分布的均匀程度和纹理的粗细程度。因为它是灰度共生矩阵各元素的平方和，因此也称为能量。角二阶矩大时，纹理粗，能量大；反之，则纹理细，能量小。

（4）同质性。是衡量局部均匀性的特征向量，若局部均匀，则同质性值大；反之，则值小。

（5）对比度。也称惯性矩，可理解为图像的清晰度，纹理的沟纹深，则对比度大，图像效果清晰；反之，对比度小则沟纹浅，效果模糊。

（6）差异性。差异性是图像像元灰度差异的度量值，差异越大，则图像上地物明暗反差越大，越易识别。

（7）熵。反映了图像中纹理的复杂程度（非均匀度）。纹理复杂，则熵大；反之，若图像中灰度均匀，共生矩阵的元素大小差异不大，熵就较小。

（8）相关性。用来衡量灰度共生矩阵的元素在行的方向或列的方向上的相似程度。

纹理特征计算公式见表 6-4。

表 6-4 纹理特征值

特征值	公　式	特征值	公　式
均值	$f_{MEAN} = \dfrac{1}{MN} \sum\limits_{i=0}^{M} \sum\limits_{j=0}^{N} p(i, j, d, \theta)$	差异性	$f_{DIS} = \sum\limits_{i=0}^{M} \sum\limits_{j=0}^{N} \| i-j \| p(i, j)$
变化量	$f_{VAR} = \sum\limits_{i=0}^{M} \sum\limits_{j=0}^{N} (i-\mu)^2 p(i, j, d, \theta)$	熵	$f_{ENT} = \sum\limits_{i=0}^{M} \sum\limits_{j=0}^{N} p(i, j) \lg p(i, j, d, \theta)$
同质性	$f_{HOM} = \sum\limits_{i=0}^{M} \sum\limits_{j=0}^{N} \dfrac{p(i, j)}{1+(i-j)^2}$	角二阶距	$f_{ASM} = \sum\limits_{i=0}^{M} \sum\limits_{j=0}^{N} p(i, j, d, \theta)^2$
对比度	$f_{CON} = \sum\limits_{i=0}^{M} \sum\limits_{j=0}^{N} (i-j)^2 p(i, j, d, \theta)$	相关性	$f_{COR} = \sum\limits_{i=0}^{M} \sum\limits_{j=0}^{N} \dfrac{(i-\mu)(j-\mu)p(i, j, d, \theta)}{\sigma^2}$

注：$\mu = \sum\limits_{i=0}^{M} \sum\limits_{j=0}^{N} ip(i, j, d, \theta)^2$，$\sigma^2 = \sum\limits_{i=0}^{M} \sum\limits_{j=0}^{N} (i-\mu)^2 p(i, j, d, \theta)$。其中，$M$、$N$ 分别代表灰度共生矩阵的行、列数。

6.2.2　基于遥感影像的溢油监测技术

近年来，国内外专家学者基于 SAR 影像监测海上溢油进行了大量的研究，在卫星遥感进行海上溢油监测的研究上，我国的起步比较晚，但也取得了一定的成果。

利用溢油和类油膜特征分析的结果，苏腾飞[10]建立了一种基于模糊逻辑（fuzzy logic，FL）的溢油检测算法。该算法利用模糊数学的优势，有效区分 SAR 影像中的溢油和类油膜;该算法还可以给出暗斑被分为溢油的概率,经过三景 SAR 影像的溢油检测实验,算法能够得到令人满意的效果。结合 SAR 溢油检测算法,还构建了一套 SAR 溢油检测软件系统。

环境保护部卫星环境应用中心熊文成等[18],利用 SAR 图像,对 2007 年 12 月发生在韩国的溢油事件进行监测,解译勾画出溢油信息边界,利用 GIS 系统叠加风场、地形、其他重要信息数据,对溢油的分布、扩散以及对周边环境的影响进行分析评价,为决策者提供决策支持。

中国地质大学李琼[19]利用以 SAR 影像为主的多源遥感影像进行海面油膜检测,并在海况、海上交通、海洋设施、地质断裂构造、重磁异常、化探异常等信息辅助下,叠合不同期次、不同时相解译出来的历史油膜来判定污染油膜和渗漏油膜。

国家海洋局第一海洋研究所宋莎莎和苏腾飞等[20]研发的海上溢油 SAR 卫星遥感监测系统支持多种 SAR 数据处理,基于改进的凝聚层次聚类算法实现了 SAR 影像油膜自动识别与特征提取。系统具有溢油区域置信度分析、多源多时相分析、溢油事故源回溯与分析等溢油识别结果综合分析功能,其中溢油识别和综合分析结果可与电子海图叠加显示,还可以生成溢油信息专题图。

首都师范大学魏铼[21]采用 SAR 影像作为数据源,结合纹理分析进行溢油识别,并通过神经网络分类法进行溢油面积提取,在纹理分析过程中,探讨了不同参数对溢油面积提取结果的影响。

大连海事大学兰国新[22]针对多光谱影像,简化了海面油膜光学模型,分析了不同谱段的油膜光学性质,确立了油膜厚度与表观反射率的变化规律,结合实测光谱分析,建立了适用于多光谱传感器的油膜厚度识别算法,实地航飞实验证明该方法简单易行。

中国海洋大学刘朋[16]以海洋溢油为研究对象,分别讨论了利用单极化和多极化 SAR 数据进行海洋溢油检测与识别的方法,重点利用 SAR 数据对海洋溢油进行目标检测、特征提取、识别溢油与疑似溢油现象以及分类海湾地区溢油进行研究。

北京交通大学赵龙建立实时、无人监督的海洋监测系统,选用了低成本、全天时、全天候的 SAR 图像来进行海面溢油信息的监测,通过对无人监督海陆分割和暗区域(溢油)两方面的研究,找到了快速准确的方法,通过相应的实验验证了其可行性,同时开发完成了一体化 SAR 图像溢油监测框架系统。

大连海事大学李宝玉[23]根据星载 SAR 海面溢油图像"假目标"的成因、特点及发展趋势建立星载 SAR 海面溢油"假目标"分类规则,利用分类规则将"假目标"归类,与海面溢油的图像特征和溢油事件发生地的背景信息结合,作为专家知识库,由此实现对"假目标"的剔除。

国外对溢油监测技术做了大量的研究工作,取得了一系列方法和成果:

挪威、加拿大已经利用遥感监测系统开展了海上溢油业务化监测。其中,挪威 KST(Kongsberg satellite services)溢油监测系统[24],自 1998 年开始以卫星雷达遥感数据为主要数据源,向欧洲乃至全球用户提供近实时溢油应急服务。

在溢油与疑似溢油现象的区分研究中,Topouzelis 等[25]则采用径向基函数(radical basis function,RBF)神经网络的方法进行 SAR 图像中海上溢油的监测,这种方法在一定程度上提高了识别精度。

在油膜分割算法方面,Frery[26]基于极化 SAR 数据和 B 样条函数,对溢油 SAR 影像进行检测和分割,从而得到对溢油的准确监测。

Migliaccio 等[27]提出了一种 SAR 溢油检测的物理方法。该方法首先计算溢油的衰减比,得到溢油检测的阈值;然后利用 CFAR 滤波技术检测 SAR 影像中的溢油,具体采用了 ROA 滤波器,以减少单视 SAR 影像斑点噪声对溢油检测的影响,并实现快速数据处理。

Akar 等[28]发展了一种基于对象的 SAR 溢油检测算法,检测了黑海自然产生的溢油,为海洋石油资源的探测提供技术支持。

Marghany[29]利用 RADARSAT-1 卫星图像数据,应用改进的 Fay 算法和多普勒频移模型,模拟了油膜在海面上的移动,获得了海面上油污的面积和移动方向。

Brekke[30]讨论了在可变条件下不同的卫星遥感和溢油监测性能,基于模式识别方法,对溢油区域和疑似区域进行了区分,对特征提取方法和油膜特征进行了总结。

Karantzalos[31]设计了基于水平集的 SAR 溢油自动检测方法,将其应用在地理参考的 SAR 溢油图像上,得到了溢油形状和位置信息,进而推测其漂流扩散情况,具有良好的预测效果。

Mercier[32]利用小波方法对 SAR 影像分解,得到准确的影像特征提取,基于支持向量机,对溢油种类进行了分类研究。最后利用 ENVISAT ASAR 影像对算法进行验证,并对比分析了该算法和 JRC 算法的溢油检测效果。

Brekke 等[33]将规律化的统计分类器引入 SAR 自动溢油检测方法,提高了溢油检测精度。将该方法和支持向量机分类方法做了对比分析,结果显示该方法可以大幅降低虚警率。通过 76 景 SAR 影像的验证,得出的规律是:SAR 影像越复杂(即暗斑越多),油膜的置信度等级越低。

采用极化 SAR 影像的方法,Salberg 等[34]建立了良好溢油监测模型;Skrunes 等[35]利用多极化 SAR 影像,基于数据集 RADARSAT-2 和 erraSAR-X,研究了溢油特征;Shirvany 等[36]进一步提出双极化和混合极化的思想,使用 RADARSAT-2 C 波段极化数据验证了旧金山湾船运溢油,使用 L 波段 NASA/JPL UAVSAR 数据验证了墨西哥湾船运溢油,都取得了良好效果。

Vespe 和 Greidanus[37]讨论了目前与海洋 SAR 影像相关的质量评测方法,介绍了一些量化方法用于卫星影像的处理和评测,最后提出了"应用适用性"概念,对溢油和船运监测进行了验证实验。

Singha 等[38]利用不同的人工神经网络(artifical neural network,ANN),对溢油监测进行了研究,使用一组 ANN 分割 SAR 影像识别属于溢油特征的像素点,使用另一组 ANN

对这些特征点进行分类,用以区分溢油和疑似溢油,最后在 ERS‐2 SAR 和 ENVISAT ASAR 数据集上进行了验证。

Fingas 和 Brown[39] 则分析了溢油的遥感特征,给出了主流的遥感技术在溢油监测中的介绍,对溢油遥感技术进行了总结和展望。

6.3　面向云计算环境的海洋溢油监测技术研究

6.3.1　海量遥感影像的高效存储

1) 海量遥感影像存储面临的问题

尽管海量遥感影像数据的应用越来越广泛,但是如此海量的数据给影像的快速传输、存储、管理和处理等各个方面带来了很大的困难,在数据的存储和使用方面都存在较为突出的问题。

(1) 影像数据存储格式不规范。造成数据管理和使用困难的源头是数据种类繁多而且格式迥异,所有的数据没有统一的规范标准,导致数据的存储管理比较烦琐且复杂,影像数据的存储模式不规范在一定程度上加大了海量遥感影像数据综合管理的难度。

(2) 数据存储模式不灵活。近些年来,遥感影像数据开始以 PB 级甚至是 TB 级增长,大部分遥感影像数据存储系统在设计数据存储模式的时候仅考虑了当时的数据量,缺乏对数据增长速度的科学认识和正确估量,导致后来由于数据剧增需要扩展系统规模的时候缺乏灵活性,很是被动。

(3) 数据的查找效率低下。在一个管理海量数据的管理系统当中,大部分寻找数据的操作都是依赖于为数据建立的数据索引,大部分情况下,数据存放索引设计不科学,数据的使用者为了找到需要的数据,往往通过多级索引逐层逐级地查找数据和一定量的操作换算才能找到目标数据,查找目标数据的速度和效率很低。

(4) 数据的使用效率低下。对于单幅可达 GB 大小的遥感影像,即使把计算机软硬件资源进行扩展,对影像数据的传送、加载、处理速度依然比较慢。而且对于大多数的实际应用而言,所需要的并不都是一份完整的影像数据,更多的时候是需要某一幅影像数据的某一部分,单纯的加载和使用一份完整的影像数据是对硬件资源和数据资源的浪费,这些因素都直接影响了影像数据的使用效率。

2) 海量遥感影像存储研究

当前解决这些问题比较成功的方法是针对影像数据的特点,进行分级重新采样、切割分块,构建适合遥感影像的存储模型,以期通过牺牲存储空间为代价,换取快速显示的高效性。

常见的数据划分有以下两种模型：

（1）影像金字塔结构（图6-10）。指在同一空间参照标准下，根据实际用户需要将不同分辨率的影像数据进行存储与显示，形成数据量由少到多、分辨率由模糊到清晰的一种关于影像的金字塔结构。影像金字塔结构常用于渐进式图像传输和图像编码，是一种典型的分层数据结构形式，适合用于构建影像数据和栅格数据的多分辨率组织模型[40]。

图6-10 影像金字塔结构

（2）全球剖分网格模型（图6-11）。为了从根本上解决传统影像数据模型在全球范围内多尺度、多范围和多层次的局限性进行的研究，如何将地球剖分为形状规则、变形较小的层状面片，以实现在全球范围内的海量数据管理、应用和研究，从而保证全球范围内空间数据的空间表达是全球的、连续的、层次的和动态的模型[40]。

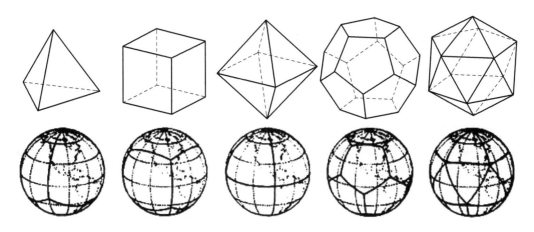

图6-11 全球剖分网格模型

随着云计算技术的发展,国内外学者和研究机构开始将云计算与遥感影像等空间数据存储以及管理结合进行研究,取得了一定的研究成果。

罗晓丽在文献[40]中提出 RSC－DOM 模型管理数据,其核心思想是将海量、多源、异构遥感影像进行处理:数据被统一标准化处理为标准切片数据来保存、计算、使用和显示,遥感影像的归一化处理过程涉及改进的影像金字塔剖分模型,海量的标准切片数据的存储结合了云计算,以提高数据的存储和检索效率。

刘义[41]则利用 MapReduce 提高海量批量遥感影像瓦片金字塔构建的性能,提高遥感影像的处理和应用效率。基于 MapReduce 的瓦片金字塔构建算法的并行体现在两个阶段:一是 Map 阶段基于影像块的瓦片任务并行创建(瓦片);二是 Reduce 阶段基于瓦片任务(合并)的并行执行。

浙江大学的康俊峰在分析高分辨率遥感影像特点及其应用的基础之上,结合云的虚拟化、并行化、分布式存储、分布式计算,设计了云计算环境下的高分辨率遥感影像存储模型 C－RSM[11]。该模型主要基于 Hadoop 云平台结合遥感影像数据的共享以及地图服务模式,并且设计了遥感影像数据划分以及存储策略。

陈时远[42]基于分布式文件系统的核心理念 MapReduce 算法,提出了 HDFS 文件系统下的四叉树构建方式和构建策略,设计了基于 Hbase 数据库的遥感空间数据存储模型,使之能够应用于 HDFS 分布式文件系统当中;针对 HDFS 只有单个元数据节点 NameNode 这一情况可能存在的系统稳定性问题,借鉴了目前主流应用系统的机制,采用双机热备的方式来保证系统的容错性,最终解决了海量数据的高效率服务问题。

6.3.2　海量遥感影像的快速处理技术

随着对地观测技术的发展,不同波段的高分辨率遥感影像越来越普及;海洋遥感影像数据量显著增加,呈现几何级增长;数据的获取速度较快,更新周期短,时效性越来越强,导致遥感数据呈现出明显的"大数据"特征,因此对计算和存储的性能提出了更高的要求。

目前正处于研究阶段的遥感影像分布式处理技术包括 FPGA、CUDA、MPI 和 MapReduce 等。FPGA 和 CUDA 的处理性能较高,但依赖于专用的硬件设备,成本高昂,一般应用于大型生产环境中;MPI 是一种基于消息传递的并行编程模型,具有较好的可扩展性,但由于编程较为烦琐,限制了其应用;MapReduce 是一种新兴的分布式编程模型,能够对计算数据集进行划分,并将计算任务分发到多个节点上,实现分布式计算。

Hadoop 的框架在很大程度上简化了分布式编程设计,但由于大数据处理平台刚刚兴起,Hadoop 也不够成熟,存在很多不足:首先,其采用的 MapReduce 框架运行的中间结果写回文件系统,严重影响性能;其次,MapReduce 框架不能有效处理交互式计算和迭代计算;最后,MapReduce 框架实现多种功能可能需要多个 MapReduce 程序,降低性能的同时也浪费了资源。

在大数据追求处理速度快的需求下，越来越多的应用无法由 Hadoop 满足，迫切需要一个新的大数据平台解决此需求。鉴于 Spark 在交互式计算和迭代计算具有非常大的优势，而对于海洋遥感大数据特征分析与提取方面，迭代计算又非常普遍，因此 Spark 能够满足此类需求，更好地解决海洋遥感大数据处理面临的问题。常见遥感影像处理技术比较分析见表 6-5。

表 6-5　常见遥感影像处理技术比较分析

遥感影像处理技术	优　　点	缺　　点
传统遥感影像处理技术	能够建立参数化的处理模型；算法实现过程易懂；适用于数据量小的遥感影像	某些特征的描述不完备；计算速度慢；不能有效利用海量遥感数据
传统并行计算环境下的遥感影像处理技术	共享式；计算速度较快；适用于数据量小的计算密集型处理	容错性差；硬件价格高；扩展性差；编程难度较大
Hadoop 环境下的遥感影像处理技术	普通 PC 机即可，廉价；扩展性好；易编程；技术比较成熟稳定；可以处理大规模遥感数据；容错性好	批处理方式；处理海量遥感数据效率相对较低
Spark 环境下的遥感影像处理技术	拥有 Hadoop 的大部分优点；提供数据集操作类型更多，比 Hadoop 更通用；对于内存计算和迭代运算效率更高，更适于从海量数据中挖掘遥感特征	对内存资源有一定的浪费；某些技术实现上不完善，比如刚刚支持稀疏向量

6.3.3　云计算环境下海洋溢油快速监测应用

目前，面对海洋遥感影像的数据存储量巨大、数据的并发访问频繁和对于实时性的高要求等问题，国内外学者和研究机构将云计算与遥感影像等空间数据存储以及管理相结合进行研究，在海洋溢油快速监测方面取得了一定的研究成果。

由于云计算环境下资源的透明虚拟化和弹性化，并需要对用户使用资源进行计费，因此传统的资源监测方法不能完全满足云计算环境的要求。为此，根据云计算平台的特点，葛君伟等[43]设计了一种监测模型，它通过虚拟机监测器和 Java 调用 C/C++得到资源的状态信息，是一种适应云计算环境下的资源监测模型，为海洋溢油监测提供一些指导。

基于云计算技术平台强大的存储和计算能力，结合 GIS，王明贤等[44]提出了一套全风险的突发事件应急监测管理系统，以提高对突发环境污染事件的应急监测及处置能力。在进行数据分析计算时，云计算应急监测系统一方面利用扩散模型如泄漏计算模型和溢油计算模型来计算事故影响范围；另一方面利用 GIS 的空间分析功能对监测点数据进行处理，得出事故发展趋势等结论。由交通运输部海事局自主研发的船舶自动识别系统（automatic identification system，AIS）[45]信息服务平台于 2015 年正式上线运营。这是中国首个免费对外开放的实时查询船舶动态的官方平台,也是海事系统允分利用大数据,发挥专业优势,转变政府职能,强化服务,便民惠民的一项新成果。

AIS 推出了大数据解决方案,针对每天接收的 AIS 实时报文数量达 1 亿条左右,将大数据整合成关键字定位船舶、单船历史轨迹查询等服务,还可以支持溢油监测、救援应急等工作。

Waga 和 Rabah[46] 基于大数据的特征和组织存储,建立了预测海洋溢油和周围生态环境的数学模型,构建了基于云计算的框架结构。Michael 等[47] 建立了云计算平台(cloud exploitation platform,CEP),设计了 SENTINEL-1 系列工具箱(toolbox),实现了诸多云处理服务(cloud processing services),其工具箱的服务配置,包括工具箱引擎和 CFP 流程,如图 6-12 所示。

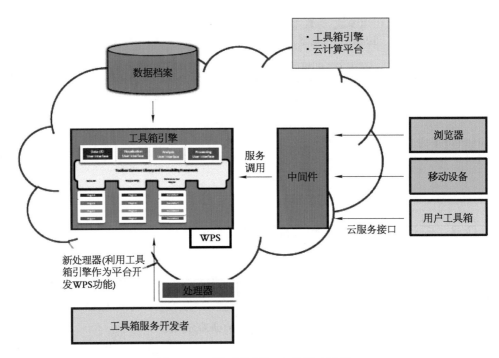

图 6-12　SENTINEL-1 系列工具箱

利用 CEP,可以实现 SAR 影像大数据的高效存储和高性能计算,借助友好的工具箱接口,便于进行云处理服务,最后基于 CEP,实现了海洋溢油的有效监测,实验结果如图 6-13 所示。

Iyengar 等[48] 开发了 CIM Shell(cognitive information management shell),能处理海洋复杂事件,快速适应各种自然环境的演变状态。这个 CIM Shell 基于云平台框架,结合 GPU 加速,每秒能处理 100 000 次事件。图 6-14 展示了 CIM Shell 帮助海洋钻井工程师预防和监测溢油事件,比如 BP 石油公司在墨西哥湾的溢油事件。

Fujioka 等[49] 利用云计算和开源 GIS 软件,进行了全球海洋生态系统研究,他们所提出的方法,也可以用于海洋溢油的监测。

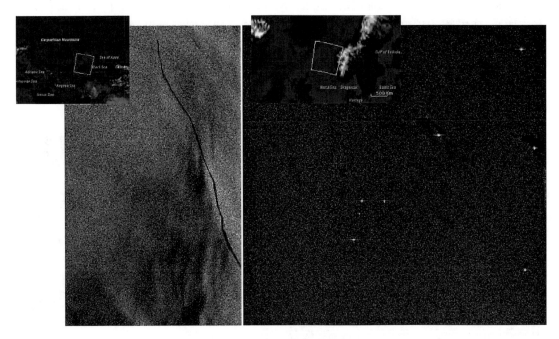

图 6 - 13　SAR 影像实验结果

图 6 - 14　墨西哥湾溢油事件的开采平台

Fustes 等[50]实现了溢油监测的新方法,该方法建立了一个 Web 服务平台,它整合了海洋遥感 SAR 影像、GIS 和云计算,在文献[50]中详细描述了实现过程,最后进行海洋溢油的监测和局部标定化。他们采用先进的分割算法,用于 SAR 影像中黑暗区域的去除,包括使用模糊聚类和小波分析方法,另外,采用云计算用来加速算法运算,帮助用户快速稳定地执行操作,并且提供用户在网络之间实时通信。实验结果如图 6-15 所示。

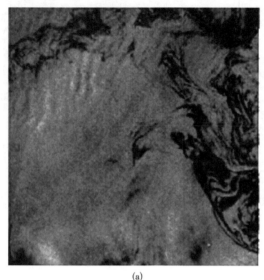

(a)　　　　　　　　　　　　　　　　　　(b)

图 6-15　SAR 原始影像和处理后的结果

(a) 原始影像;(b) 处理后的结果

在 2013 年云计算辅助服务国际会议中,在智能环境的管理服务信息化(information of management services,IMS)[51]方面,基于云计算技术,推出了面向移动应用的溢油监测服务,可以随时审查海面上潜在的溢油监测状态,这种测量结果随着用户不间断的设定而更新。比如,将溢油时的风速和方向加入测量中,会得到更加有效的监测结果,如图 6-16 所示。

欧盟于 2014 年实行了 R&E Networks 项目,提供基于云计算和存储服务的项目,用于地球观测的开发,其中一个子项目为 CleanSeaNet,即一个实时的基于卫星监测系统的海洋溢油调查,用于保护欧盟的水资源,这个项目已列入欧盟地球观测项目(European Earth Observation Program)[52],如图 6-17 所示。

图 6-16　面向移动应用的溢油监测服务

北欧国际知名 IT 公司 Tieto,为能源公司 Statoil 和 Total[53]研发了一款新的软件,旨在预测和评估潜在的溢油危害,这个软件是借助油井输出和溢油扩散模型的分析进而设计的,如图 6-18 所示。

图 6-17　实时的基于卫星监测系统

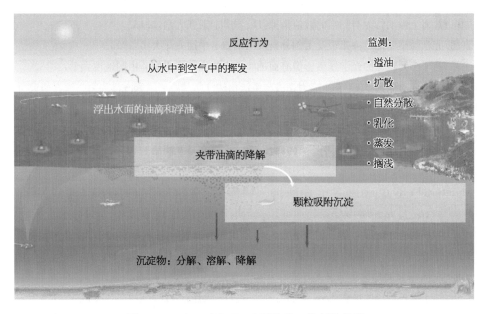

图 6-18　Statoil 和 Total 研发的一款新的软件

　　由于这套解决方案是基于云计算和 Web 服务的,研究人员可以获取数据进行分析,消费者也可以便捷访问到相关数据,从而增加公司的透明度和公信力。Wang 等[54]基于开源的 GIS 解决了开源开发工具 DotSpatial 的不足,实现溢油的监测信息可视化、绘制、分析和最终呈现在 Web 页面上。

◇ 参 ◇ 考 ◇ 文 ◇ 献 ◇

[1] Gamba P, Du P, Juergens C, et al. Foreword to the special issue on "human settlements: a global remote sensing challenge"[J]. IEEE Journal of Selected Topics in Applied Earth Observations & Remote Sensing, 2011, 4(1): 5-7.

[2] Guo H, Wang L, Chen F, et al. Scientific big data and Digital Earth[J]. Chinese Science Bulletin, 2014, 59(35): 5066-5073.

[3] 张旭东. 黄海连续 8 年暴发浒苔绿潮 突发溢油伤海洋元气[N]. 经济参考报, 2014-06-16.

[4] 许妍. 天津大气颗粒物中石油烃浓度与人体健康的关系[D]. 天津: 南开大学, 2012.

[5] 李艳梅, 曾文炉, 余强, 等. 海洋溢油污染的生态与健康危害[J]. 生态毒理学报, 2011, 6(4): 345-351.

[6] 宋朋远. 渤海油田溢油扩散与漂移的数值模拟研究[D]. 青岛: 中国海洋大学, 2013.

[7] 顾恩慧. 海上溢油行为与归宿的数值模拟[D]. 杭州: 浙江大学, 2013.

[8] 安超. 光学遥感溢油检测机理及实例分析[D]. 青岛: 中国海洋大学, 2013.

[9] 王晶. 基于多元特征的光学遥感影像海面油膜信息提取[D]. 北京: 中国地质大学, 2013.

[10] 苏腾飞. 面向对象的 SAR 溢油检测算法与系统构建[D]. 青岛: 国家海洋局第一海洋研究所, 2013.

[11] 康俊峰. 云计算环境下高分辨率遥感影像存储与高效管理技术研究[D]. 杭州: 浙江大学, 2011.

[12] 王俊. SAR 影像溢油目标边缘提取方法及实现[D]. 大连: 大连海事大学, 2009.

[13] 刘德连, 韩亮, 张建奇. 高光谱图像的海面溢油自动检测方法研究[J]. 光谱学与光谱分析, 2013, 33(11): 3116-3119.

[14] MacDonald I R, Guinasso N L, Ackleson S G, et al. Natural oil slicks in the Gulf of Mexico visible from space[J]. Journal of Geophysical Research, 1993, 98(C9): 16351-16364.

[15] 黄晓霞, 李红旮, 朱振海. 基于不变矩的 SAR 图象海面油膜形态分类[J]. 中国图象图形学报, 1999, 4(2): 166-171.

[16] 刘朋. SAR 海面溢油检测与识别方法研究[D]. 青岛: 中国海洋大学, 2012.

[17] 牛莹. 基于纹理特征的星载 SAR 溢油监测研究[D]. 大连: 大连海事大学, 2009.

[18] 熊文成, 吴传庆, 魏斌, 等. SAR 图像在韩国溢油监测中的应用[J]. 遥感技术与应用, 2008, 23(4): 410-413.

[19] 李琼. SAR 图像海面油膜提取与分类研究[D]. 北京：中国地质大学,2011.

[20] 宋莎莎,赵宇鹏,苏腾飞,等. 海上溢油 SAR 卫星遥感监测系统研发[J]. 遥感技术与应用,2013, 28(5)：928 - 933.

[21] 魏铼. 基于 SAR 影像的海上溢油监测与评估方法研究[D]. 北京：首都师范大学,2013.

[22] 兰国新. 海上溢油遥感光谱信息挖掘与应用研究[D]. 大连：大连海事大学,2012.

[23] 李宝玉. 基于 ASAR 数据的海面溢油信息提取[D]. 大连：大连海事大学,2013.

[24] Kongsberg Satellite Services. Oil spill detection service [OL]. http://earth. esa. int/gscb/papers/ 4. 5_Kjeldsen. pdf.

[25] Topouzelis K, Karathanassi V, Pavlakis P. Oil spill detection using RBF neural networks and SAR data [J]. ISPRS Congress, Istanbul, 2004, 6：12 - 23.

[26] Frery A C, Jacobo-Berlles J, Gambini J, et al. Polarimetric SAR image segmentation with B-splines and a new statistical model [J]. Multidimensional Systems & Signal Processing, 2010, 21(4)：319 - 342.

[27] Migliaccio M, Gambardella A, Tranfaglia M. Oil spill observation by means of polarimetric SAR data [J]. Proceedings of Seasar, 2006.

[28] Akar S, Süzen M L, Kaymakci N. Detection and object-based classification of offshore oil slicks using ENVISAT - ASAR images [J]. Environmental Monitoring & Assessment, 2011, 183(1 - 4)： 409 - 423.

[29] Marghany M. RADARSAT for oil spill trajectory model [J]. Environmental Modeling & Software, 2004, 19(5)：473 - 483.

[30] Brekke C, Solberg A H S. Oil spill detection by satellite remote sensing [J]. Remote Sensing of Environment, 2005, 95(1)：1 - 13.

[31] Karantzalos K, Argialas D. Automatic detection and tracking of oil spills in SAR imagery with level set segmentation [J]. International Journal of Remote Sensing, 2008, 29(21)：6281 - 6296.

[32] Mercier G, Girard-Ardhuin F. Partially supervised oil-slick detection by SAR imagery using kernel expansion [J]. IEEE Transactions on Geoscience & Remote Sensing, 2006, 44(10)：2839 - 2846.

[33] Brekke C, Solberg A H S. Classifiers and confidence estimation for oil spill detection in ENVISAT ASAR Images [J]. IEEE Transactions on Geoscience & Remote Sensing Letters, 2008, 5(1)： 65 - 69.

[34] Salberg A B, Rudjord O, Solberg A H S. Model based oil spill detection using polarimetric SAR [C]. Geoscience and Remote Sensing Symposium (IGARSS), 2012 IEEE International, 2012： 5884 - 5887.

[35] Skrunes S, Brekke C, Eltoft T. An experimental study on oil spill characterization by multi-polarization SAR [C]. The 9th European Conference on Synthetic Aperture Radar, 2012：139 - 142.

[36] Shirvany R, Chabert M, Tourneret J Y. Ship and oil-spill detection using the degree of polarization in linear and hybrid/compact dual-pol sar [J]. IEEE Journal of Selected Topics in Applied Earth Observations & Remote Sensing, 2012, 5(3)：885 - 892.

[37] Vespe M, Greidanus H. Sar image quality assessment and indicators for vessel and oil spill detection

[J]. IEEE Transactions on Geoscience & Remote Sensing, 2012, 50(11)：4726 - 4734.

[38] Singha S, Bellerby T J, Trieschmann O. Satellite oil spill detection using artificial neural networks [J]. Selected Topics in Applied Earth Observations and Remote Sensing, IEEE, 2013, 6(6)：2355 - 2363.

[39] Fingas M, Brown C. Review of oil spill remote sensing [J]. Marine pollution bulletin, 2014, 83(1)：9 - 23.

[40] 罗晓丽.基于云计算的遥感影像存储组织模型研究[D].郑州：河南大学,2013.

[41] 刘义.利用 MapReduce 进行批量遥感影像瓦片金字塔构建[D].长沙：国防科技大学,2013.

[42] 陈时远.基于 HDFS 的分布式海量遥感影像数据存储技术研究[D].北京：中国科学院大学(工程管理与信息技术学院),2013.

[43] 葛君伟,张博,方义秋.云计算环境下的资源监测模型研究[J].计算机工程,2011,37(11)：31 - 33.

[44] 王明贤,刘敬平.基于云计算的应急监测系统研究[J].监测与评价,2013,1(4)：135 - 139.

[45] 陈栋栋.我国 AIS 平台实现亿级大数据融合[N].中国工业报,2015 - 03 - 16.

[46] Waga D, Rabah K. Environmental conditions' big data management and cloud computing analytics for sustainable agriculture [J]. World Journal of Computer Application and Technology 2014, 2(3)：73 - 81.

[47] Michael L V, Sabella V. Advanced training course on land remote sensing [C]. ESA-ESRIN, Spain, 2014.

[48] Iyengar S S, Supratik Mukhopadhyay, Christopher Steinmuller, et al. Preventing future oilspills with software based event detection [M]. Published by the IEEE Computer Society, Louisiana State University, 2010.

[49] Fujioka E, Berghe E V, Donnelly B, et al. Advancing global marine biogeography research with open-source GIS software and cloud computing [J]. Transactions in GIS, 2012, 16(2)：143 - 160(18).

[50] Fustes D, Cantorna D, Dafonte C, et al. A cloud-integrated web platform for marine monitoring using GIS and remote sensing. Application to oil spill detection through SAR images [J]. Future Generation Computer Systems, 2014, 34(4)：155 - 160.

[51] Jernej Tonejc D M B, Jure Praznikar. Information of management services [C]. Conference of Cloud Assisted Services, 2013.

[52] Union E. Global data sharing for earth observation through R&E networks [OL]. www. geant. net/ Resources/Media_Library/Documents/GEANT_global_data_brochure. pdf.

[53] Tietodevelops oil spill analysis software for Statoil and Total [OL]. http://www. tieto. com/tieto-develops-oil-spill-analysis-software-statoil-and-total.

[54] Wang R, Liu N, Xu M, et al. Research on the open source GIS development oriented to marine oil spill application [J]. Journal of Software, 2014, 9(1)：116 - 120.

第 7 章

海洋大数据的发展趋势

　　本书前面广泛介绍了海洋大数据的历史、特征、相关关键技术和海洋大数据在海洋灾害中的前期应用,为读者呈现出具有无限生命力的海洋大数据全貌。

　　海洋领域的需求具有极其明显的行业特征,海洋大数据的合理利用对全球生态系统和人类社会都有重大的意义。目前,海洋大数据处理技术研究已经取得丰硕成果,未来这些关键技术的发展方向受到海洋行业的极大关注,同时,海洋大数据在行业应用中可能带来的机会和发展前景也备受瞩目。

7.1　海洋大数据处理技术展望

　　空天地底海洋立体观测技术的飞速发展,催生了呈指数级增长的多精度、多频度、大覆盖、多模态海洋数据。目前的许多海洋大数据处理关键技术研究主要集中在解决大数据处理的通用问题上,然而,海洋数据多源、超高维、海量、实时、多类、敏感以及空间性的特征给海洋数据处理带来了诸多挑战。在数据存储环节存在存储系统可扩展性低、时效性不高的问题;在数据分析环节存在速度和实时性的问题;在质量控制环节存在数据质量水平不一、质量问题多样化、检测方案不固定等问题;由于数据安全涉及海洋数据管理的各个环节,因此,在数据安全环节存在存储安全、访问安全、计算安全、共享安全和监管安全的问题。这些问题为海洋大数据处理技术带来挑战的同时,也为未来的研究提供了方向。

7.1.1　混合类型云存储平台

　　海洋大数据来源于卫星、航空遥感、海洋观测站、调查船、浮标和海底观测系统等,多源的特点决定了海洋大数据存储结构和类型的复杂性。现有的存储方案中,存在数据存储能力受限和存储模型相对固定等问题。这些问题对海洋大数据存储提出了新的挑战,一方面,海洋大数据的海量性和实时性特征要求存储系统在硬件架构和文件系统上大大高于传统技术,要求数据存储空间具有高扩展性,随着实时观测数据的采集,数据存储空间应具有强大的弹性;另一方面,海洋大数据的多源异构特征要求存储系统的存储模型具有多样性,同时能够实现数据库的高度一致性、可用性和分区容错性。

　　应对海洋大数据存储挑战的首要选择是混合类型的云存储平台。目前主要的云存储平台有 Google 的 Google Store,Amazon 的 S3,Microsoft 的 Azure 以及 IBM 的"蓝云"等。这些系统通过集群应用、网格技术或分布式文件系统等功能,将网络中大量各种不同类型的存储设备通过应用软件集结起来协同工作,共同对外提供数据存储和业务访问功能。混合类型云存储平台可以把公有云和私有云结合在一起,依据需要配置存储容量,同时依据不同数据用户的需求选择存储模型和存储系统,这种存储方案适应海洋大数据多源、超高维、海量、实时、多类以及敏感的特征,是未来海洋大数据存储的首选方案。

目前,针对海洋大数据的混合类型的云存储技术尚不成熟,还需进行深入研究,其中几个关键研究问题为:① 如何依据海洋数据安全密级进行数据划分,这是影响拓展性、负载平衡以及系统性能的关键问题,它影响着数据访问速度以及数据利用效率;② 如何建立面向混合类型的云存储平台的海洋大数据索引,以提升超高维海洋数据的查询效率,这是影响整个数据库系统效率的关键;③ 如何设计高效的数据动态迁移策略,用以应对实时观测数据的持续采集以及数据存储系统数据量的不断累积,保证存储资源的优化利用。

7.1.2 内存云计算

海洋大数据分析技术可以为风暴潮预警、赤潮预测、辅助决策、防灾减灾和灾害反演等提供精确、可靠的科学依据。传统数据分析对象多是结构化、单一对象的小数据集,分析挖掘更侧重根据先验知识预先人工建立模型,然后依据既定模型进行分析。多源异构的海洋大数据存在数量庞大、格式不一和强时空关联等特点,传统的分析技术如数据挖掘、机器学习、统计分析等要应用于海洋数据面临着分析速度和实时性等方面的挑战。分析速度方面,海洋大数据的分布特点不确定,需要根据处理的数据类型和分析目标,采用适当的算法模型,快速处理数据,对于机器硬件以及算法都有一定的挑战。实时性方面,海洋数据的应用常常具有实时性的特点,例如"雪龙"号在极地极端环境下工作需要天气、海冰、海底、船自身等各类实时信息的综合分析。大量实时数据处理和分析要消耗大量的计算资源,传统的单机或并行计算技术很难保障,需要与云计算相结合,因此对算法的实时性和可扩展性提出了考验。

内存云计算技术是当前大数据分析的有效手段。美国斯坦福大学的研究团队通过大规模普通服务器的内存集群构建"内存云"[1]作为大数据计算的主要平台。相比普通云计算平台,内存云在随机访问、低延迟、可伸缩性、高命中率方面具有无法比拟的优势[2]。加利福尼亚大学伯克利分校 AMP 实验室在内存云的基础上引入弹性分布式数据集 RDD[3]作为容错机制,数据驻留内存,无须反复从磁盘读写,有效地解决了迭代计算和交互式计算等在 MapReduce 框架下的计算性能瓶颈问题。面对海洋大数据处理的高效计算需求,内存云为解决海洋大数据快速、实时分析提供了全新的研究方向。

7.1.3 多要素一体化质量控制策略

数据质量决定着海洋大数据应用的可靠性。由于海洋大数据具有多形态、高维度以及强时空关联等特性,使得传统的数据质量管理手段无法完全适用于海洋时空大数据的质量控制。主要面临的挑战包括:如何制定多要素一体化海洋时空大数据质量检验方案,如何平衡海洋数据质量需求和信息冗余之间的关系,如何界定和利用据海洋大数据中的弱可用数据等。

多要素一体化的质量控制策略是海洋大数据质量控制的关键。数据质量的概念一般使用一致性、完整性、时效性、可用性以及可信性来描述[4],对于上百个对数据质量有影响的因素可以归结为内在因素、应用因素、数据表述和数据存取四个大类。针对不同的数据质量维度,需要制定相应的数据质量标准。基于该标准,构建海洋大数据的抽样模型和质量检验模型,是海洋大数据质量控制研究的主要内容。

7.1.4　覆盖数据全生命周期的海洋大数据安全方案

从海洋大数据的业务流程上看,海洋数据的处理活动可分为数据存储、数据访问、数据计算、数据共享和数据监管,整个数据处理业务流程构成了海洋大数据的全生命周期。在生命周期的各个关键环节都存在安全和隐私保护的需求。

覆盖整个生命周期的海洋大数据安全方案是解决各环节安全问题的保障。在海洋大数据存储环节,需要研究基于密文的数据存储以及利用支持密文存储的数据隐私保护技术来实现存储安全;在海洋大数据访问环节,支持密文检索、支持细粒度访问、支持带“与、或、非”逻辑功能的灵活丰富访问;在海洋大数据计算环节,研究在密文的基础上实现密文的直接计算,支持密文的线性方程组求解、数据分析与挖掘、图像处理等;在海洋大数据共享环节,支持数据泄露时可追踪技术、访问权限撤销技术,同时,支持密文数据的批量共享与分发;在海洋大数据监管环节,主要提供对其他各环节的有效监管监控,保障数据的有用性。

7.2　海洋大数据应用展望

7.2.1　海洋大数据对海洋防灾减灾的推动

进入 21 世纪以来,世界范围内发生了多次严重的海洋灾害,如 2004 年的印度洋海啸、2005 年的美国新奥尔良飓风、2007 年的孟加拉国强热带风暴、2011 年的日本海啸等,给相关国家带来了巨大的经济损失和人员伤亡。我国是一个海洋大国,海洋为中华民族的发展提供得天独厚条件的同时,也给海上和沿海地区带来了严重的灾害,使我国成为世界上海洋灾害最为严重的少数国家之一。据国家海洋局发布的《中国海洋灾害公报》显示,近十年来,灾害严重的 2005 年造成直接经济损失高达 332.4 亿元[5],即使灾害较轻的 2011 年也造成直接经济损失 62.07 亿元[6]。因此,加强海洋灾害预警报,提升海洋防灾减灾能力,一直是政府有关部门和高校以及企业长期关心的课题。

影响我国的海洋灾害以风暴潮、海浪、海冰和赤潮为主,同时,溢油、绿潮、海岸侵蚀、海水入侵与土壤盐渍化、咸潮入侵等灾害也有不同程度发生。在灾害发生的过程中,海洋大数据将对防灾减灾产生巨大的推动作用,下面以风暴潮和溢油灾害为例分别给予阐述。

1) 风暴潮

一直以来,我国都是风暴潮灾害非常严重的少数国家之一。同时,随着我国沿海地区人口密度的增加和经济的迅猛发展,风暴潮灾害造成的损失仍在呈上升趋势,已跃居我国各种海洋灾害的首位。因此,与之相关的灾害预警报、受灾人员的疏散和撤离、灾害损失评估等非常重要,而相关的海洋大数据可在其中发挥重要作用。

(1) 灾害的预报警。气象数据是典型的大数据,其主要由地面观测数据、卫星遥感数据、天气雷达数据和数值预报产品四类数据构成,而每类数据的增长都在发生翻天覆地的变化。以地面观测数据为例,台站数由 21 世纪初的不到 3 000 个增长到目前的 40 000 多个,观测频度由最初的每次 3 h 增长到目前的 5 min,因而数据量由最初的 240 MB 迅猛增长到目前的约 2.4 TB。并且,根据相关需要,未来台站数有可能计划扩增至 70 000～100 000 个,观测频度有可能继续加密到每次 1 min,因此,数据量有可能由现在的每天数百万条记录增长至每天超过 1 亿条记录[7]。人们有理由相信,如此大的气象数据,并结合越来越成熟的大数据处理技术,对像风暴潮这样的海洋灾害的预报警具有重要的推动作用。

(2) 受灾人员的疏散和撤离。在像风暴潮这样的海洋灾害发生的过程中,由于受灾地区范围较广,政府有关部门无法及时准确地掌握灾情信息,因此严重影响对受灾人员的紧急疏散和安全撤离。若在救灾的过程中,能实时导入像手机、汽车导航系统等发射的位置信息所构成的庞大数据,即使通信中断地区较广,也能及时了解受灾情况,例如,从汽车的行驶速度中掌握无法通行的路段等,进而快速支援受灾地区,及时转移受灾人员[4]。

(3) 灾害的损失评估。风暴潮灾害的损失评估可分为三种:灾害的预评估、灾害发生过程中的监测性评估、灾后对损失进行现场实际调查测算[5],相关的海洋大数据可为各个环节的损失评估提供坚实的数据支撑。例如,在灾害过后的损失评估中,充分利用被潮水淹没的田地和倒塌的房屋及家产数据,被潮水冲毁的堤坝、桥梁、道路等公共设施数据,被浪潮毁坏的船只以及其他生产设施如通信设施、电力设施、工厂生产设备和生产资料数据等,能够不断提高由风暴潮造成的经济损失的准确度,为相关部门的灾后救援和重建工作提供辅助决策。

2) 溢油

20 世纪 80 年代以来,随着我国海洋石油业和海上油运业的迅猛发展,海上溢油事故的发生频率不断提高,已成为造成海洋环境污染的主要因素之一。因此,监测和治理溢油灾害已得到政府有关部门的高度重视。下面以溢油的监测为例来阐述海洋大数据的应用。

海洋溢油发生后,准确及时地监测溢油对于海洋环境保护具有重要意义。海上溢油监测的模式主要有卫星遥感监测、航空遥感监测、船舶遥感监测、CCTV 监测、定点监测和浮标跟踪等。由于目前海上溢油监测的模式较多,各种监测方式互有利弊、各有所长,整合现有模式和资源,建立"海陆空"立体监测体系将是溢油监测发展的趋势。

在未来,可将海上平台溢油监测系统、船舶溢油监测系统、卫星溢油监测系统、航空溢油监测系统等获取的监测数据,统一汇总到大数据处理中心,来实现监测结果的整合和展示[6]。由于每个监测系统关注的侧重点不同,海上平台监测系统主要侧重于平台周边溢油高危海域的溢油情况,船舶监测系统主要侧重于固定航线上各船舶和设备及管线的溢油情况,卫星监测系统主要侧重于特定较大海域的溢油情况,航空监测系统主要侧重于溢油后溢油程度和范围的确认,因此让各个系统相互配合、取长补短,经过数据处理后进行统一展示,实现全天候、实时、高效的立体溢油监测。

7.2.2　海洋大数据对海洋经济发展的促进

2001 年,联合国正式文件中首次提出了"21 世纪是海洋世纪",认为今后海洋将成为国际竞争的主要领域,发达国家的目光纷纷从外太空转向海洋,海洋经济正在并将继续成为全球经济新的增长点。2009 年,提出"打造山东半岛蓝色经济区"的战略构想,从国家层面上首次提出了发展海洋经济的战略。未来,随着大数据收集技术以及分析技术的发展与应用,海洋资源开发、滨海旅游、航运业等海洋经济范畴的行业将得到极大的发展。

1) 海洋资源开发

根据《中国国土资源年鉴》,我国的海洋资源可以分为五大类:① 水产资源:鱼类、甲壳类、头足类;② 海上石油、天然气:石油地质储量、天然气地质储量;③ 海滨砂矿资源:金属砂矿、非金属砂矿;④ 海洋再生能源:潮汐能、波浪能、潮流能;⑤ 海洋盐业。随着数据获取手段的增加、海洋大数据处理技术的发展与成熟,大数据技术对于海洋资源开发将带来前所未有的机遇。下面将以水产资源以及海上石油、天然气资源为例,说明海洋大数据在未来海洋资源开发领域的作用。

(1) 水产资源开发。水产资源包括鱼类、甲壳类、头足类。研究[8]表明:生命科学正越来越成为一门大数据驱动的科学。以基因测序仪为例,一台高通量的测序仪每天产生约 100 GB 的数据,为水产资源研究、海洋生物药物研发等行业提供大量的基础数据。随着大数据技术的不断成熟,在未来,现在应用于生命科学人类基因中的研究必然会用于海洋生物的研究中,为海洋生物制药、海洋捕捞以及海洋养殖业带来新的发展机遇[8]。

另外,互联网搜索数据以及大型卖场销售数据都是典型的有商业价值的大数据。不同城市或者南北人群对不同的海产品有不一样的需求。未来,运用成熟、高效的大数据挖掘技术,可以通过挖掘互联网上关于海产品的相关搜索(譬如某种海鱼的营养价值、菜肴做法)者的地域等特点以及卖场销售数据以帮助海产养殖者更合理地安排养殖;对于大型海洋捕捞企业,挖掘出不同地域人群对于不同海产品的青睐,可以使企业合理地安排销售,创造更好的经济价值[9]。

(2) 海上石油、天然气开发。在油气行业,随着勘探开发领域从常规转向非常规、从陆地转向海上,人们对油气资源的认识和掌握越来越依赖信息技术手段。石油公司拥有的数据越多,对数据挖掘利用得越好,找到油气资源的可能性和掌控市场的能力就越大。在未来,掌握并利用好大数据,是石油公司提高核心竞争力的重要手段[10]。

在全海域范围内,油气勘探开发一体化理念不断深入,随之将产生大量勘探、开发的原始数据和成果数据,新老数据不断累积,亟待大数据库合理配置。为了解决这类问题,2012 年中国海洋石油总公司信息化部联手湛江分公司推动实施 A2 项目。截至 2014 年,A2 项目已建立数据标准、数据采集、数据存储、数据管理、数据服务五大体系,促进了油田企业生产经营管控一体化,实现了油田生产过程自动化、业务处理规范化、成本控制精细化、综合管理智慧化,有力地推动了中国海油由"数字油田"向"智慧油田"方向发展,成为大数据技术在油气勘探领域的一大成功应用。目前,我国石油石化行业大数据应用的难点主要有业务模型构建、数据视图构建、应用系统构建[10, 11]、数据源建设等几个方面。未来,大数据技术的发展将使得以上问题得到有效的解决,助力海上石油、天然气的勘探与开采。

在未来,大数据分析可能应用于油气生产的各个领域,包括[12]:

① 勘探。通过应用先进的大数据分析技术,地质学家可以识别出可能被忽略了的潜在的富有成效的地震数据。

② 开发。大数据分析,包括地理空间信息、信息推送、油气信息报道等可以更准确地帮助石油天然气公司评估生产过程,更准确地评估新油气田的开发可能性。

③ 钻井。大数据分析使得使用实时钻井数据来预测钻井成功成为可能,将极大地提高油气田的采收率。大数据技术使得同时分析地震、钻井和生产数据成为可能,储层分析工程师将实时了解储层的油气变化情况,为生产人员提供举升方法改造方案,指导钻井作业。

④ 维护。在未来,海洋油气开发将从浅水到深水,油气开发的深海设施具有运行环境复杂、不可预见因素多的特点,对设施状态进行分析和预测是一项挑战。以海底设施的防腐为例,深海的水压、温度、水流、溶解氧活性等指标都与浅海不同,不同的深海地区,环境指标也截然不同,使得在某一地区的深海腐蚀模型在另一地区可能完全失效,使得腐蚀状况预测性分析难以奏效[13]。

在未来,可以运用基于大数据的监测技术解决此类问题,运用大数据的监测技术在一定程度上可以避免对复杂系统进行机理分析,运用大数据技术从海量数据中多尺度、深层次挖掘出来的知识和参数越来越具有高可靠性,非常适合海底腐蚀等复杂系统的研究与预测。可以预见,随着大数据技术的成熟,未来油气田的预测性维护将实现自动化,这将极大地提高油气田的生产效率。

2) 滨海旅游业

随着中国经济的高速发展,国民收入的显著提高,人们的出游愿望越来越强烈,全国旅游国内游客从 2009 年的 19.02 亿人次增加到 2013 年的 32.62 亿人次,增长了 71.5%[14]。在未来旅游业必将呈现出蓬勃发展的态势,当然这其中也包括非常具有特色的滨海旅游。

而随着社交网络的兴起、物联网以及移动互联网的广泛使用,一方面使得收集个人位置信息成为可能,另一方面使得各种与旅游关联的用户原创内容(user generated content,UGC)即音频、文本信息、视频、图片等数据的大量涌现,与旅游关联的数据正逐渐或者已经成为一种大数据。

目前国家、省、市旅游主管部门以及各景区、旅游企业都建设了或正在建设不同的旅游信息系统,为旅游者提供旅游信息服务、线路规划、商务预订等。在旅游信息系统的建设中,应该充分考虑大数据分析的需求,把云计算、物联网、移动互联网的应用考虑进来。将来,随着大数据技术的成熟与发展,大数据技术在滨海旅游数据上的运用可以推进海洋滨海旅游业的高速发展,大数据技术对滨海旅游业的开发包括以下三个方面[15]:

(1)利用大数据技术布局数据采集方式。旅游信息丰富的特征更符合大数据的要求,在建设旅游信息系统的时候,一定要布局好各种结构、半结构、非结构化数据的采集,为大数据的分析处理提供原材料。

(2)利用大数据工程谋划数据的运营和管理。大数据分析、加工、处理的核心载体是数据中心。大数据的分析必须基于云计算,大数据中心不但具有强大的各种类型数据的存储能力、强大的数据抓取能力,而且还具有超强的数据分析计算能力。旅游信息涉及游客的消费习惯、兴趣爱好、自身素质在旅游要素(吃、住、行、游、购、娱)上的运行轨迹。在未来,如果要提取旅游大数据隐含的价值,首先就要建立系统、完善的硬件设施来运营和管理大数据,建设具有大数据管理能力的数据中心。

(3)利用大数据应用挖掘数据背后的商业信息。大数据时代的核心是数据的应用,通过数据的采集、加工以及分析,挖掘出数据承载的管理信息、商业信息以及市场信息。大数据时代将改变人们的思维方式,认识问题将由原来的因果论发展成为定量论,对一个现象的证明是对所有数据的分析,采用的不是随机样本,而是所有样本。在未来,通过对所有旅游者、游览路径、消费行为、景点选择、关注热点、兴趣爱好等的大数据数据分析,可以预演行业的发展态势,评估旅游景区的管理、服务、营销水平,研判旅游企业的发展战略,从而发现新的管理模式、商业模式和营销模式。

◇ 参 ◇ 考 ◇ 文 ◇ 献 ◇

［1］ Ousterhout J，Agrawal P，Erickson D，et al. The case for RAMCloud［J］. Communications of the ACM，2011，54(7)：121 - 130.

［2］ Ousterhout J. RAMCloud：a low-latency datacenter storage system［C］. Exascale Radio Astronomy，2014，14(2)：40 - 102.

［3］ Zaharia M，Chowdhury M，Das T，et al. Resilient distributed datasets：a fault-tolerant abstraction for in-memory cluster computing［J］. In：Proceedings of USENIX Symposium on Networked Systems Design and Implementation (NSDI)，2012，2 - 6.

［4］ Yair W，Wang R Y. Anchoring data quality dimensions in ontological foundations［J］. Communications of the ACM，1996，39(11)：86 - 95.

［5］ 国家海洋局.2005 年中国海洋灾害公报［R］.北京：国家海洋局,2006.

［6］ 国家海洋局.2011 年中国海洋灾害公报［R］.北京：国家海洋局,2012.

［7］ 沈文海.气象数据的"大数据应用"浅析——《大数据时代》思维变革的适用性探讨［J］.中国信息化,2014(11)：20 - 31.

［8］ 陈钢.生命科学中的大数据［J］.程序员,2013,2：66 - 69.

［9］ 樊旭兵.大数据时代的罗非鱼内销［J］.海洋与渔业（水产前沿）,2014,1：26 - 27.

［10］ 姜睿.大油气需要大数据［J］.中国石化石油,2012,3(2)：24 - 29.

［11］ 张建.大数据点金大油气［J］.中国石油企业,2014,4(3)：69 - 71.

［12］ 李金诺.浅谈石油行业大数据的发展趋势［J］.价值工程,2013,29：172 - 174.

［13］ 王兵.谈大数据监测在海洋油气设备管理中的应用［J］.电子测试,2014,3：139 - 141.

［14］ 国家统计局.中国统计年鉴［M］.北京：中国统计出版社,2014.

［15］ 戴衍华.大数据时代下的旅游机遇［J］.商周刊,2013,2(11)：85 - 88.